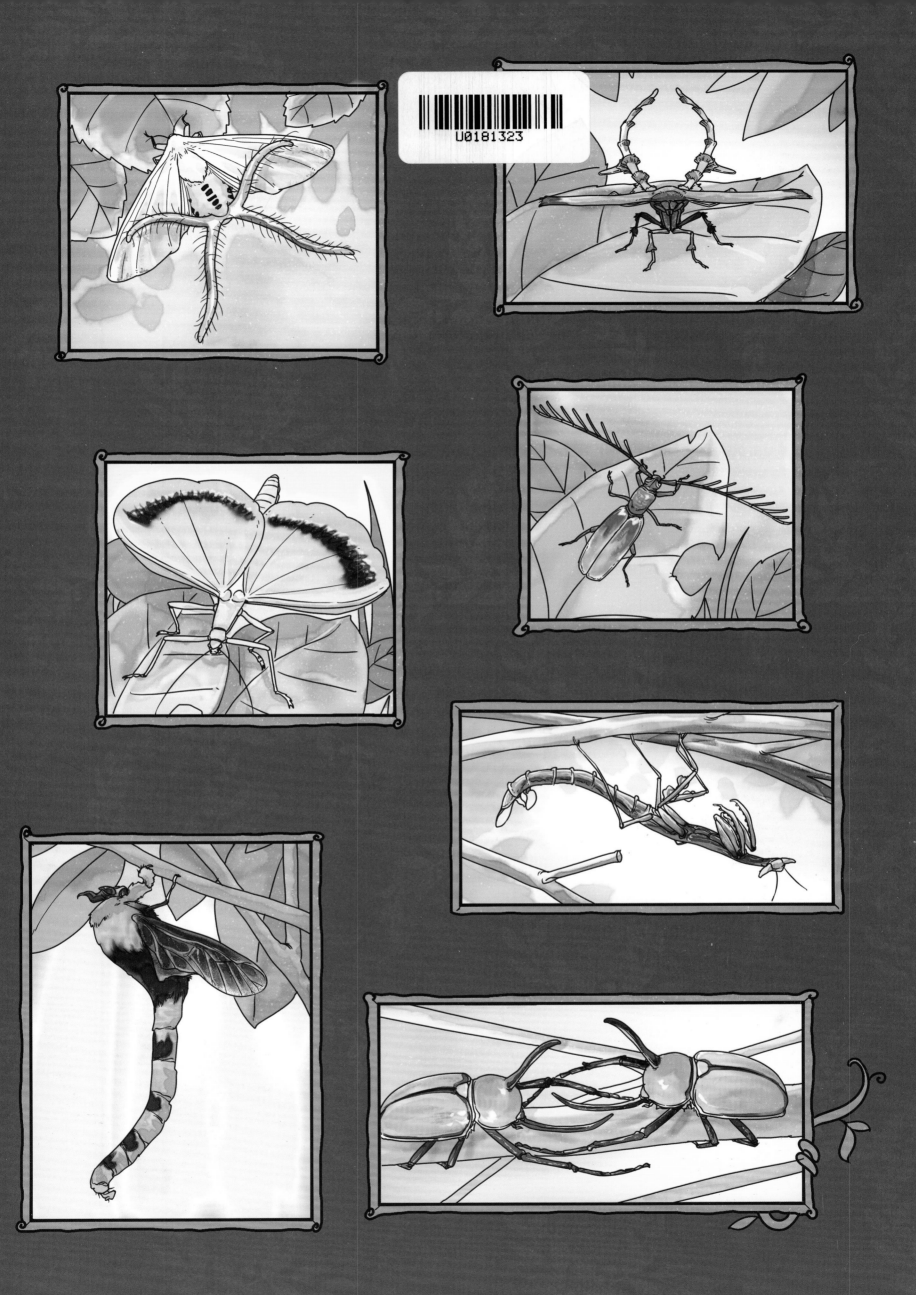

chóng

虫虫

洋洋兔——编绘

石油工业出版社

图书在版编目（CIP）数据

蟲 : 一座书本上的虫虫艺术博物馆 / 洋洋兔编绘
. -- 北京 : 石油工业出版社，2022.8
ISBN 978-7-5183-5233-3

Ⅰ．①蟲… Ⅱ．①洋… Ⅲ．①昆虫—青少年读物
Ⅳ．① Q96-49

中国版本图书馆 CIP 数据核字 (2022) 第 025754 号

洋洋兔创作组
主创：孙元伟　刘小玉
成员：戚梦云　何俊潇　陈笑梅　尤晓婷　张云

蟲：一座书本上的虫虫艺术博物馆
洋洋兔编绘

选题策划：王　昕　曹敏睿
责任编辑：王　磊　曹敏睿
责任校对：刘晓婷
出版发行：石油工业出版社
　　　　　（北京安定门外安华里 2 区 1 号 100011）
　　　　　网　址：www.petropub.com
　　　　　编辑部：(010)64523616　60252031
　　　　　图书营销中心：(010)64523731　64523633
经　　销：全国新华书店
印　　刷：朗翔印刷（天津）有限公司

2022 年 8 月第 1 版　2022 年 8 月第 1 次印刷
787 毫米 ×1092 毫米　开本：1/8　印张：13
字数：100 千字

定　价：158.00 元
（图书出现印装质量问题，我社图书营销中心负责调换）

致谢

可爱的虫虫，奇怪的虫虫，聪明的虫虫……与虫虫有关的生物知识、科普故事以及历史文化，就像虫虫大家族里的成员一样数不胜数。我们热爱大自然，热爱这些虫虫伙伴，更想把与它们有关的新鲜有趣的知识分享给你。因此，我们倾力创作了这部兼具知识性、艺术性与趣味性的虫虫绘本百科。

在创作的过程中，我们尤为感谢中国农业大学植物保护学院昆虫学系的教授、博士生导师刘星月。早在本书立项时，我们便经由北京市科学技术协会的引荐，结识了在国内外昆虫学研究领域，科研成果硕果累累的刘教授。在多次座谈、沟通中，刘教授毫不吝惜多年累积的学术知识与教育经验，为本书提出了众多专业的指导意见，并耐心分享各种有趣的昆虫知识、考察趣闻等。本书成稿后，刘教授又悉心对书中知识点进行了严格的审校，为本书知识的准确性保驾护航。在此，我们向刘星月教授致以衷心的感谢。

洋洋兔团队创作组

目录

准备好和我一起去探索虫虫的世界了吗?

什么是昆虫

蜜蜂、毛毛虫、瓢虫、蜘蛛……提到这些常见的小虫子，很多人都会统称它们为昆虫。可你知道吗？"昆虫"这个名衔可不是谁都能用的。很多看起来像昆虫的小虫子，其实都不属于这个大家庭。

思考一下：
如何分辨你偶然遇见的小虫子是不是昆虫呢？

简单来说，符合以下两个特征的就是昆虫，但需要注意的是，昆虫的幼虫和成虫，外形差异往往很大，这个标准只能用来衡量成虫哦。

1 有3对足

首先，让我们来数一数虫虫的"脚"！
真正的昆虫必定有3对足（也就是6只脚）。

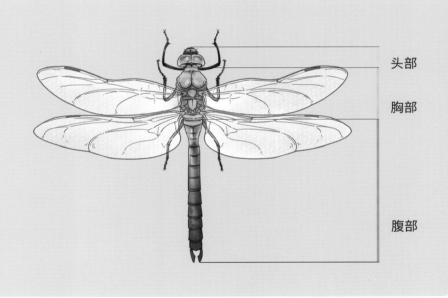

头部

胸部

腹部

2 有头、胸、腹三部分

其次，数一数虫虫的身体分几段。
所有昆虫的身体必定分为头、胸、腹三部分。

昆虫身上其他部位由于不具备统一的特征，所以都不能作为判断一只虫是否为昆虫的依据。比如有些昆虫有复眼，有些则没有；有些昆虫看上去没有翅膀，其实只是它的翅膀退化了。

现在你已经学会辨别昆虫的方法了，让我们一起来看看下面的这些小虫子是不是昆虫吧。

我**不是**昆虫！

蜘蛛
4对足，身体分为头胸部、腹部两部分

我**是**昆虫！

螳螂
3对足，身体分为头、胸、腹三部分，前足为了捕食进化成了像镰刀一样的特殊形态

我**是**昆虫！

蛱蝶
3对足，身体分为头、胸、腹三部分，这类蛱蝶看似只有2对足，实际上它们的前足退化了，变得很小，藏在了胸前

它们不是昆虫

蜘蛛、蜈蚣、蝎子……它们都不是昆虫哦！但它们和昆虫一样，都属于节肢动物门这个大家族。节肢动物是世界上最大的一个动物门类，约占已知动物总数的84%。

在节肢动物门下，有很多我们熟悉的身影，比如虾、蟹等是水生节肢动物，而蜘蛛、蜈蚣、昆虫等则是陆生节肢动物。在这本书中登场的虫虫们，主要是昆虫和其他陆生节肢动物。

观察下面这些常见的陆生节肢动物，看看它们与昆虫之间的不同吧！

鼠妇

身体分为很多节，有7对足。鼠妇十分喜欢阴暗潮湿的地方。

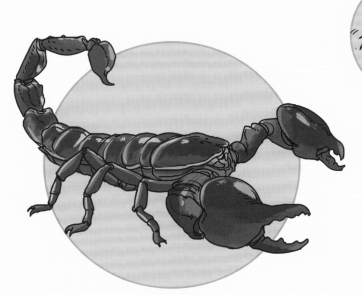

蝎子

身体分为头胸部、腹部，有4对足，其中一对是用来捕食的大螯夹。蝎子还有一个最令人闻风丧胆的"武器"——带毒的尾刺。

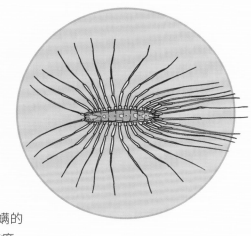

蚰蜒

身体分为很多节，有15对细长的足。蚰蜒能以极快的速度移动，以捕捉小昆虫为食。

螨

身体分为头胸部、腹部，有4对足。螨的身体分节不明显，看起来就像一个小圆疙瘩，但它是货真价实的节肢动物哦！

根据提示一步步判断，看看你偶然捉到的小虫虫是不是昆虫吧！

有没有足 ➡ »»» **没有** »»»»»» 可能是包含**昆虫幼虫或蛹**在内的任何**无脊椎动物**

有

无翅昆虫 ⬅

幼体昆虫 ⬅

非昆虫的
（六足类节肢动物）⬅

有几对足

永远无翅

衣鱼目 衣鱼

大多数时候无翅

蜚蠊目 白蚁

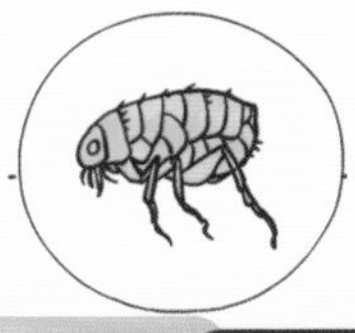

偶尔无翅（身体受损或基因突变导致）

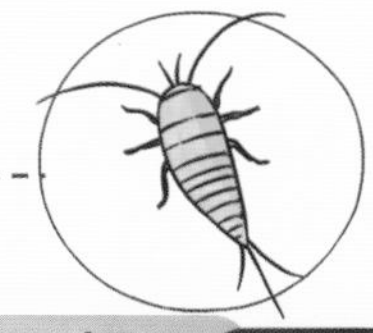

啮虫目 虱

蚤目 跳蚤

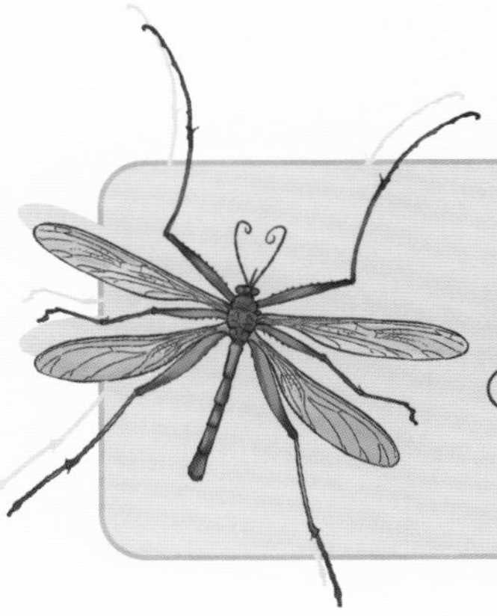

石蛃目 石蛃

没有

3对足 ➡ »»» **有没有翅膀**

4对足
（蛛形类节肢动物，非昆虫）

5对足或7对足
（甲壳类节肢动物，非昆虫）

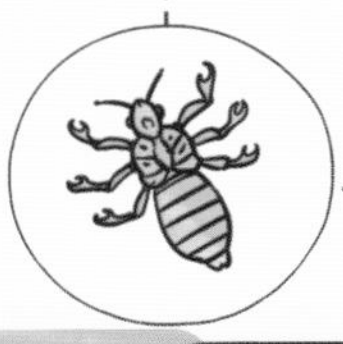

有

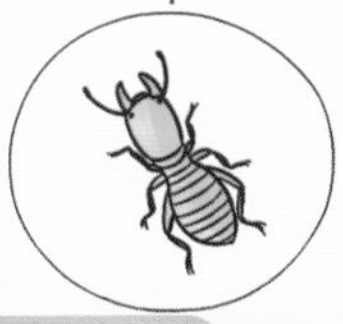

昆虫纲
（有翅昆虫）

8对足或8对足以上
（多足类节肢动物，非昆虫）

虫虫家族思维导图

　　小小的虫子能有多厉害呢？这个问题也许几天几夜都讲不完，单从物种存在的时间上来说，它们就比人类早出现了几亿年！

　　早在3.6亿年前的泥盆纪，最早的昆虫就出现了。从目前世界上发现的化石来看，让家家户户头痛的蟑螂，在2.8亿年前的石炭纪就已经出来捣乱了；翅展可达75厘米的巨脉蜻蜓，也在这时候到处捕食了……

　　2.4亿年前的二叠纪，现代昆虫目起源，历经上亿年的进化演变至今，包含昆虫纲、弹尾纲、原尾纲、双尾纲在内的六足亚门动物种类近1000万种，而被人们了解、描述过的种类只有约120万种。

　　种类庞大的虫虫世界还有太多未解之谜值得我们探索与研究，不过现在让我们暂且放慢脚步，先来一起看看你在这本书里能见到哪些虫虫吧！

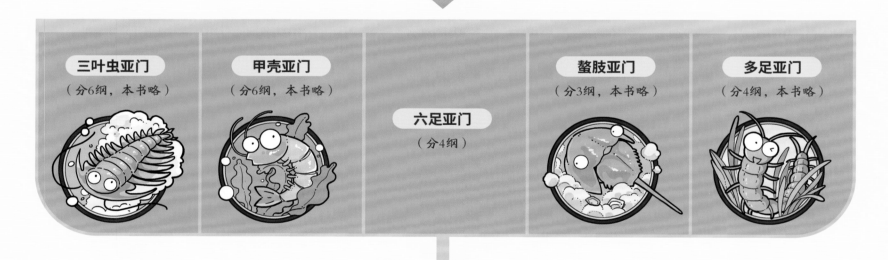

　　随着科学研究的进展，学者对六足动物的分类方式不断提出新的见解，有关六足动物、昆虫纲的分类方式也多有不同（如20世纪的许多著作都将六足动物归为节肢动物门、有气管亚门的昆虫纲，而昆虫纲下又分无翅亚纲与有翅亚纲）。本书所述分类，参考了教材、论文、昆虫学著作等学术资料，尽可能将截至本书出版之前，中国以及世界范围内大多数学者公认的最新分类方式进行展示。此分类方式并不代表当今学术界唯一认可的对六足动物和昆虫纲的分类方式。

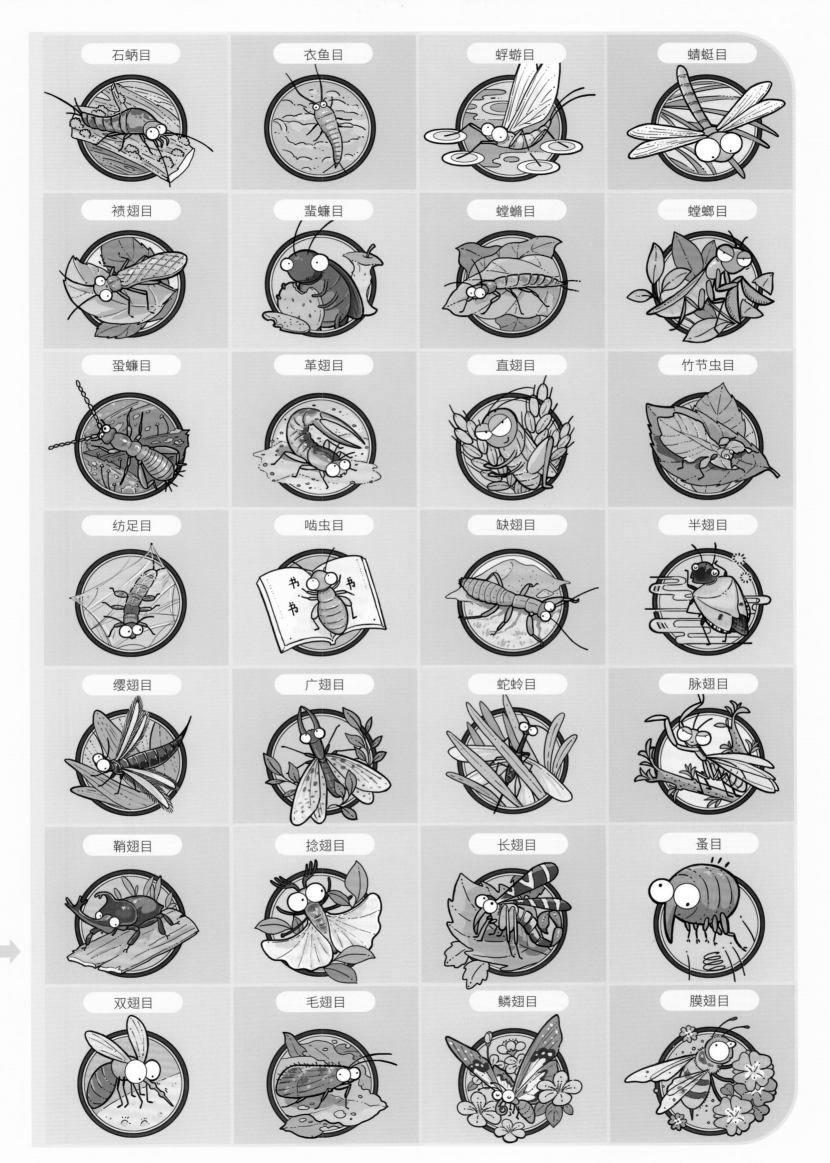

石蛃目　衣鱼目　蜉蝣目　蜻蜓目

襀翅目　蜚蠊目　螳螂目　螳䗛目

蛩蠊目　革翅目　直翅目　竹节虫目

纺足目　啮虫目　缺翅目　半翅目

缨翅目　广翅目　蛇蛉目　脉翅目

鞘翅目　捻翅目　长翅目　蚤目

双翅目　毛翅目　鳞翅目　膜翅目

克里翠凤蝶

角蝉

树枝上的这些"小刺"，它们真的是"刺"吗？

锥蝽
锥蝽俗称"接吻虫"，它们喜欢叮咬哺乳动物的嘴部和眼睑，是"锥虫病"的主要传播者。

要被叮啦！快醒醒！

金裳凤蝶

蜡蝉

你能看出这只几乎与树皮融为一体的蜡蝉吗？

猎蝽
猎蝽的前足短小强壮，能紧紧抓握猎物，是抓捕小虫子的头号"猎手"。

白蚁

长角象

我爱吃蘑菇！

热带雨林

看我标志性的11节触角！

三锥象甲

醋蝎（非昆虫）
醋蝎遇到危险时，能从尾部的腺体中喷射蚁酸或醋酸。

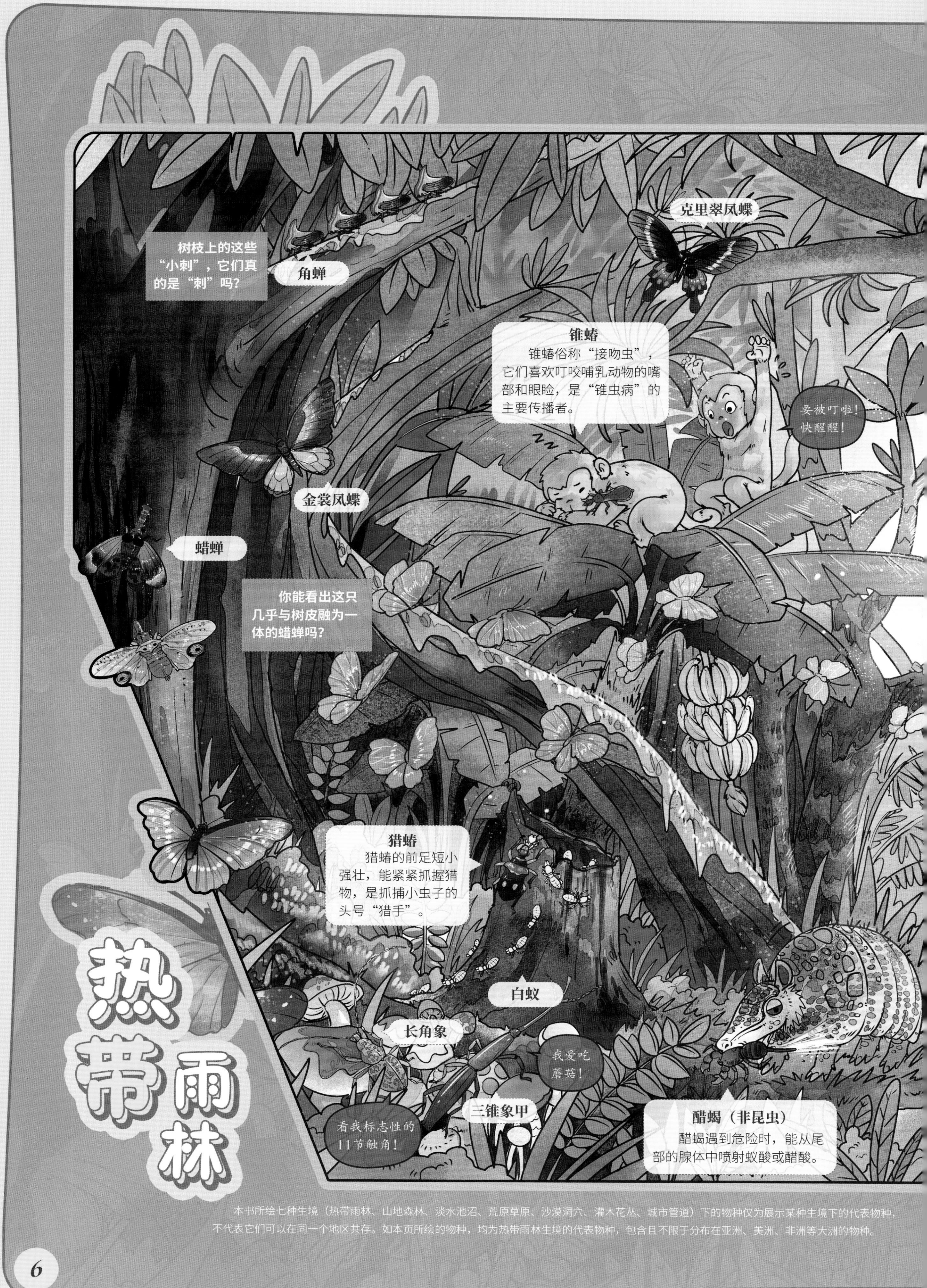

本书所绘七种生境（热带雨林、山地森林、淡水池沼、荒原草原、沙漠洞穴、灌木花丛、城市管道）下的物种仅为展示某种生境下的代表物种，不代表它们可以在同一个地区共存。如本页所绘的物种，均为热带雨林生境的代表物种，包含且不限于分布在亚洲、美洲、非洲等大洲的物种。

金裳凤蝶

中文名称: 金裳凤蝶

拉丁学名: *Troides aeacus*

分类: 昆虫纲—鳞翅目

发育过程: 完全变态(卵—幼虫—蛹—成虫)

栖息环境: 阳光温暖充足、植被茂盛的树林、湿地、雨林

食性: 成虫喜食花蜜、露水、腐败果实的汁液等,幼虫喜食马兜铃属植物的叶

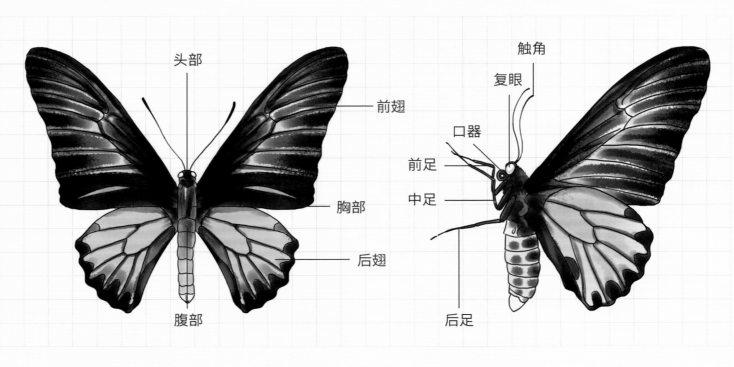

头部　前翅　胸部　后翅　腹部

触角　复眼　口器　前足　中足　后足

🦋 从诞生到羽化

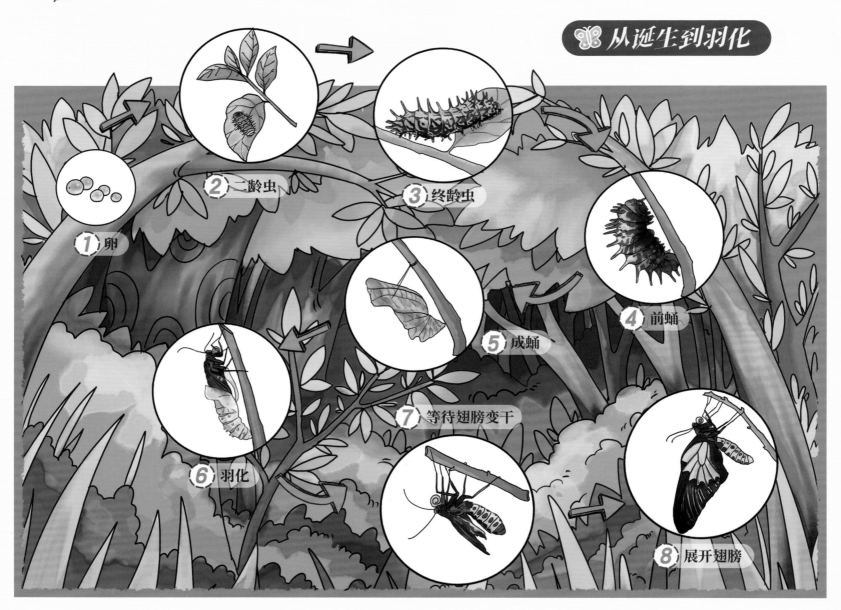

① 卵
② 二龄虫
③ 终龄虫
④ 前蛹
⑤ 成蛹
⑥ 羽化
⑦ 等待翅膀变干
⑧ 展开翅膀

🔍 寻找蝴蝶

蝴蝶在哪里？

花丛

流淌着树液的树干上

小溪

有腐烂水果的地方

蝶道（蝴蝶固定飞行的航道）

幼虫在哪里？

柑橘凤蝶幼虫
通过保护色隐藏在树叶上。

青凤蝶幼虫
通过拟态伪装成树叶。

大红蛱蝶幼虫
用丝把自己包在整片树叶里。

黑弄蝶幼虫
藏在咬断的叶片间并用丝固定。

🦋 来吧！饲养柑橘凤蝶！

金裳凤蝶是中国《国家重点保护野生动物名录》中保护级别二级的珍惜物种，不可伤害、捕捉、饲养。下述饲养蝶类的方法，以柑橘凤蝶为例。

饲养幼虫

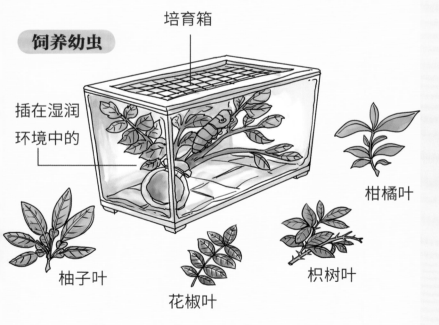

培育箱

插在湿润环境中的

柑橘叶

柚子叶

花椒叶

枳树叶

饲养成虫

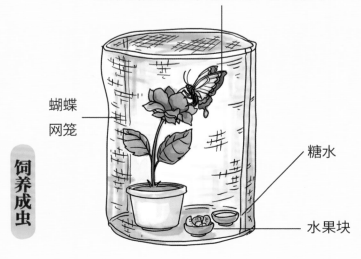

雌蝶轻拍翅膀飞舞是即将产卵的信号

蝴蝶网笼

糖水

水果块

💡 虫虫趣闻

生活在秘鲁的光明女神蝶，翅膀能随着光线的变化，反射出深浅不一的蓝色，非常绚丽。据说，在人工还不能繁育这种蝴蝶时，曾经有一只光明女神蝶标本，在拍卖会上以4万多美元的高价成交。

蝴蝶的两只翅膀通常颜色统一、左右对称。

你知道吗？蝴蝶的味觉器官长在脚上哦！如果你只把食物送到它嘴边，却不让它"摸一摸"的话，它可是连最喜欢的花蜜都一口不喝呢！

但偶尔也会出现同时拥有一半雄蝶翅膀和一半雌蝶翅膀的蝴蝶，俗称"阴阳蝶"。这其实是蝴蝶的染色体异常导致的，遗传学上称这类生物为"雌雄嵌合体"。

摸不着……
我才不喝！

锦衣华服的鳞翅目家族

♂ 麝(shè)凤蝶

♂ 华夏剑凤蝶

♂ 红颈鸟翼凤蝶

♂ 褐钩凤蝶

♂ 丝带凤蝶

♂ 不丹褐凤蝶

♂ 红珠凤蝶

♂ 燕凤蝶

♂ 绿凤蝶

♂ 金斑喙凤蝶

♂ 蓝尾翠凤蝶

♂ 克里翠凤蝶

♂ 宽带青凤蝶

♂ 虎凤蝶

♂ 青凤蝶

♂ 统帅青凤蝶

♂ 金裳凤蝶

♂ 绿带翠凤蝶

11

图鉴 锦衣华服的鳞翅目家族

♂ 菜粉蝶

♂ 红襟粉蝶

♂ 宽边黄粉蝶

♂ 黑脉绢蝶

♂ 网丝蛱蝶

♂ 大绢斑蝶

♂ 细带闪蛱蝶

♂ 幻紫斑蛱蝶

♂ 畸纹紫斑蛱蝶

♂正 白矩朱蛱蝶

♂正 红老豹蛱蝶 ♂背

♀正 俳（pái）灰蝶

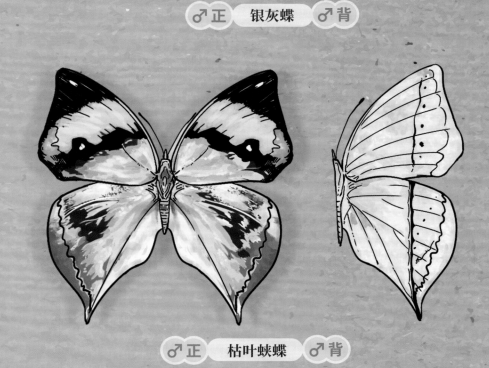

♂正 银灰蝶 ♂背

♂正 绿灰蝶 ♂背

♂正 大琉璃灰蝶 ♂背

♂正 枯叶蛱蝶 ♂背

♂ 拟旖斑蝶

♂ 虎斑蝶

♂正 布莱荫眼蝶 ♂背

♂正 绿弄蝶 ♂背

13

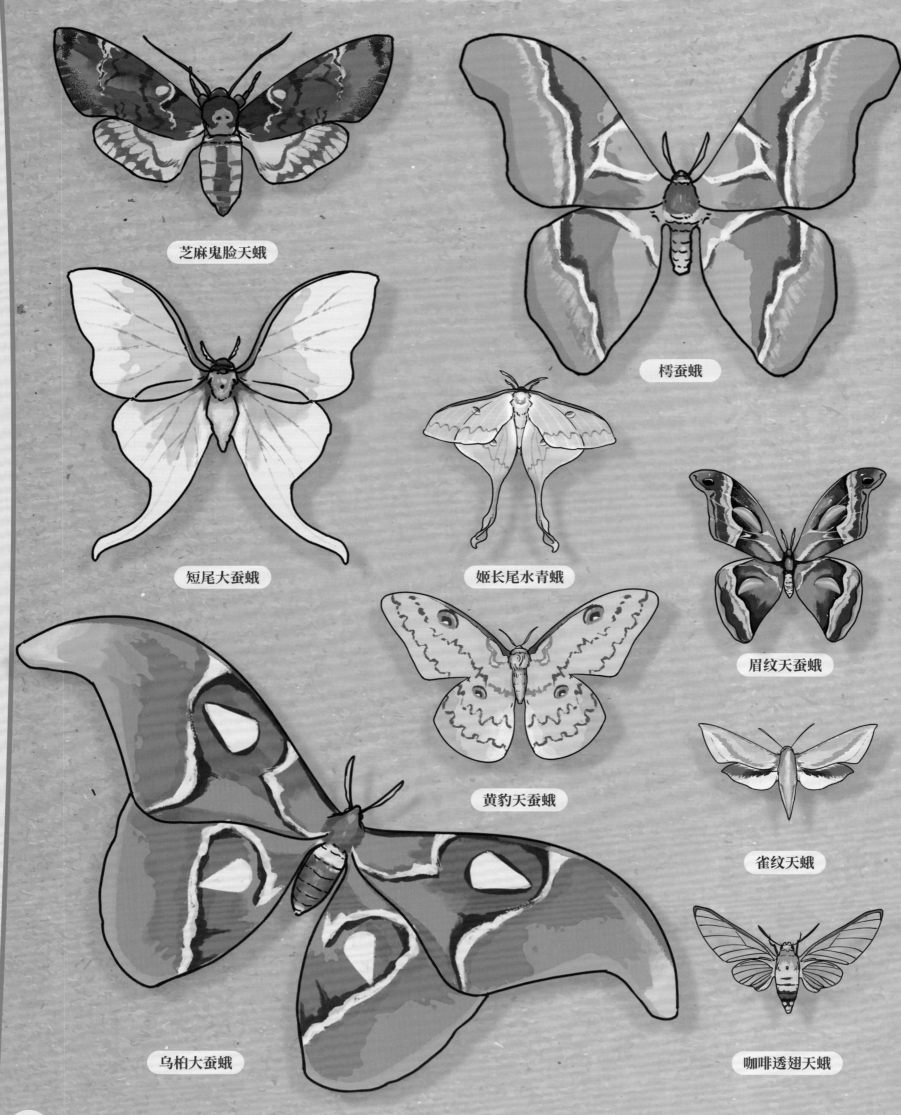

图鉴 锦衣华服的鳞翅目家族

芝麻鬼脸天蛾

栲蚕蛾

短尾大蚕蛾

姬长尾水青蛾

眉纹天蚕蛾

黄豹天蚕蛾

雀纹天蛾

乌桕大蚕蛾

咖啡透翅天蛾

枯叶夜蛾

斑灯蛾

犁纹黄夜蛾

剑纹翠夜蛾

白雪灯蛾

橙带蓝尺蛾

黄蝶尺蛾

镰翅绿尺蛾

蜻蜓尺蛾

树形尺蛾

肖剑心银斑舟蛾

双叉犀金龟

中文名称：双叉犀金龟（独角仙）

拉丁学名：_Allomyrina dichotoma_

分类：昆虫纲—鞘翅目

发育过程：完全变态（卵—幼虫—蛹—成虫）

栖息环境：山地森林

食性：树液、腐败果实的汁液等流质食物

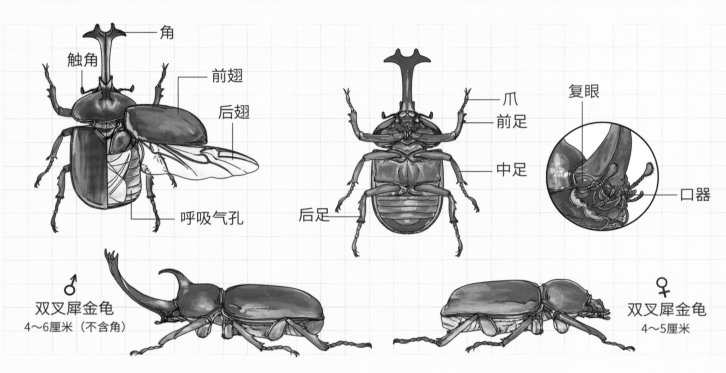

角
触角
前翅
后翅
呼吸气孔
爪
前足
中足
后足
复眼
口器

♂ 双叉犀金龟
4～6厘米（不含角）

双叉犀金龟 ♀
4～5厘米

从诞生到羽化

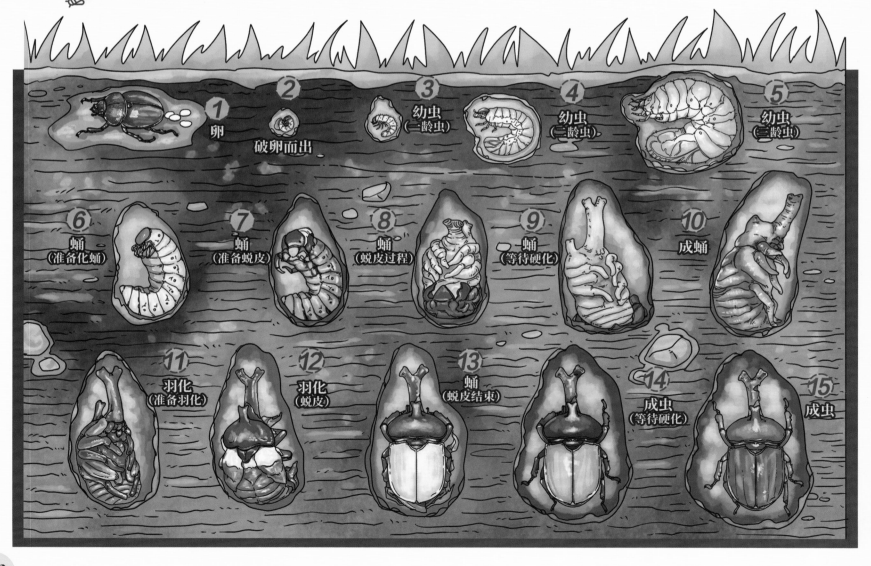

1 卵
2 破卵面出
3 幼虫（一龄虫）
4 幼虫（二龄虫）
5 幼虫（三龄虫）
6 蛹（准备化蛹）
7 蛹（准备蜕皮）
8 蛹（蜕皮过程）
9 蛹（等待硬化）
10 成蛹
11 羽化（准备羽化）
12 羽化（蜕皮）
13 蛹（蜕皮结束）
14 成虫（等待硬化）
15 成虫

🔍 寻找独角仙

路灯下

清晨或傍晚

怎样拿住这些甲虫呢?

夹住锹形虫前胸两侧

捏住独角仙的小角

有树液的地方(除了独角仙,往往还能发现其他以树液为食的甲虫,如锹形虫等)

雄性独角仙很爱打架,要是放上两只在培育箱里,你可就要小心熊熊的战火啦!

🍐 来吧!饲养独角仙!

培育箱

攀爬树枝

昆虫果冻

树墩果冻槽

水果块

牙签

腐殖土层   枯叶层

独角仙体型虽小,但却能举起相当于自身重量50倍的物体,可以说是地球上极为强壮的生物了。

独角仙喜欢的食物

💡 虫虫趣闻

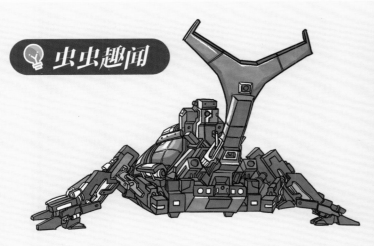

日本有个喜欢独角仙的机器人爱好者,他花费11年制造了一台巨大的独角仙机器人。这台独角仙机器人长11米,重约17吨,内部装有柴油引擎。它的头、角以及六条腿都可以在驾驶员的操控下自由活动,机身里还可以乘坐5～7个人。

有些国家的小朋友喜欢捕捉和饲养独角仙,他们常常聚在一起举办"角力赛",让雄性独角仙进行角斗。一般来说,角越长的雄性独角仙在比赛中更容易获胜。

全副武装的鞘翅目家族

宽带壶步甲

日本逮步甲

均圆步甲

河原虎甲

疤步甲

硕步甲

日本食蜗大步甲

黄缘青步甲

中华虎甲

大扁葬甲

 ♂ 木棉梳角叩甲 ♀

巨蝼步甲

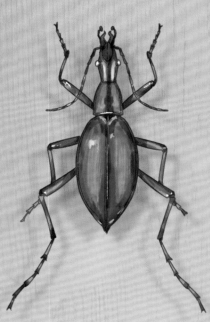

日本食蜗大步甲指名亚种

日本阎甲

♂ 大云鳃金龟

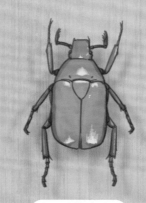

绿罗花金龟

粪金龟

彩臂金龟

白尾陆水龟

黄绿单爪鳃金龟

栉须蚁甲

赤胸粪金龟

大黄足隐翅虫

日本斧须隐翅虫

♂ 黄缘龙虱 ♀

♂ 蒙瘤犀金龟

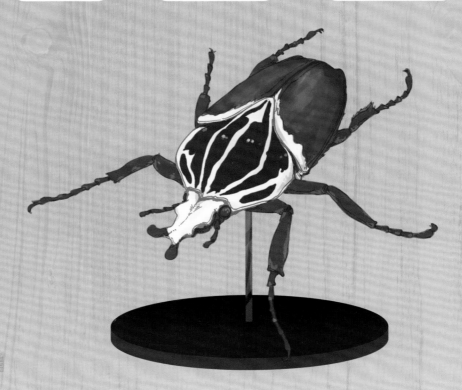

大王花金龟

全副武装的鞘翅目家族

十星裸瓢虫

红点唇瓢虫

柯氏素菌瓢虫

龟纹瓢虫

二突异翅长蠹

削尾材小蠹

六斑异瓢虫

黄缘铁甲

毛脚宽短翅天牛

粗绿直脊天牛

蓝丽天牛

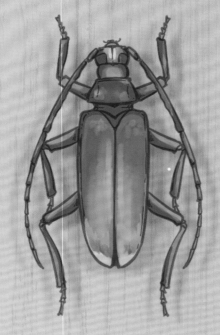

中华薄翅天牛

赤杨天牛

绿拟天牛

锯角豆芫菁

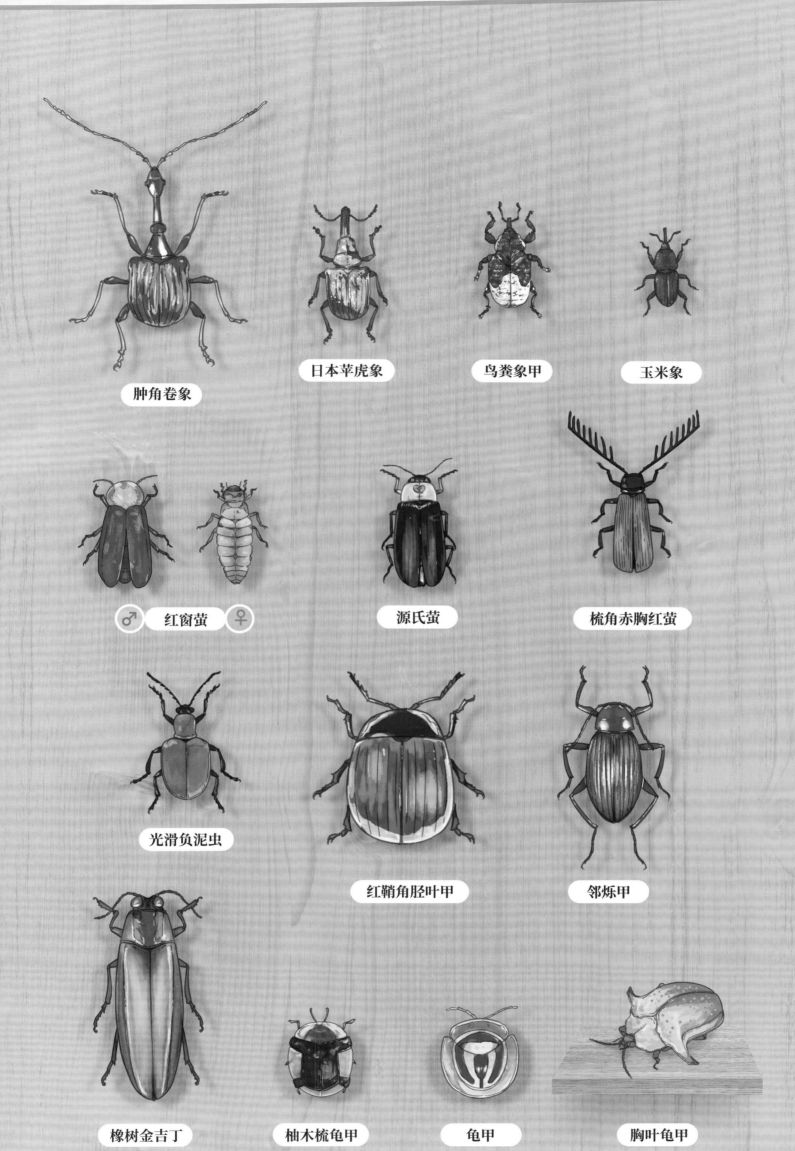

肿角卷象

日本莘虎象

鸟粪象甲

玉米象

♂ 红窗萤 ♀

源氏萤

梳角赤胸红萤

光滑负泥虫

红鞘角胫叶甲

邻烁甲

橡树金吉丁

柚木梳龟甲

龟甲

胸叶龟甲

图鉴 全副武装的鞘翅目家族

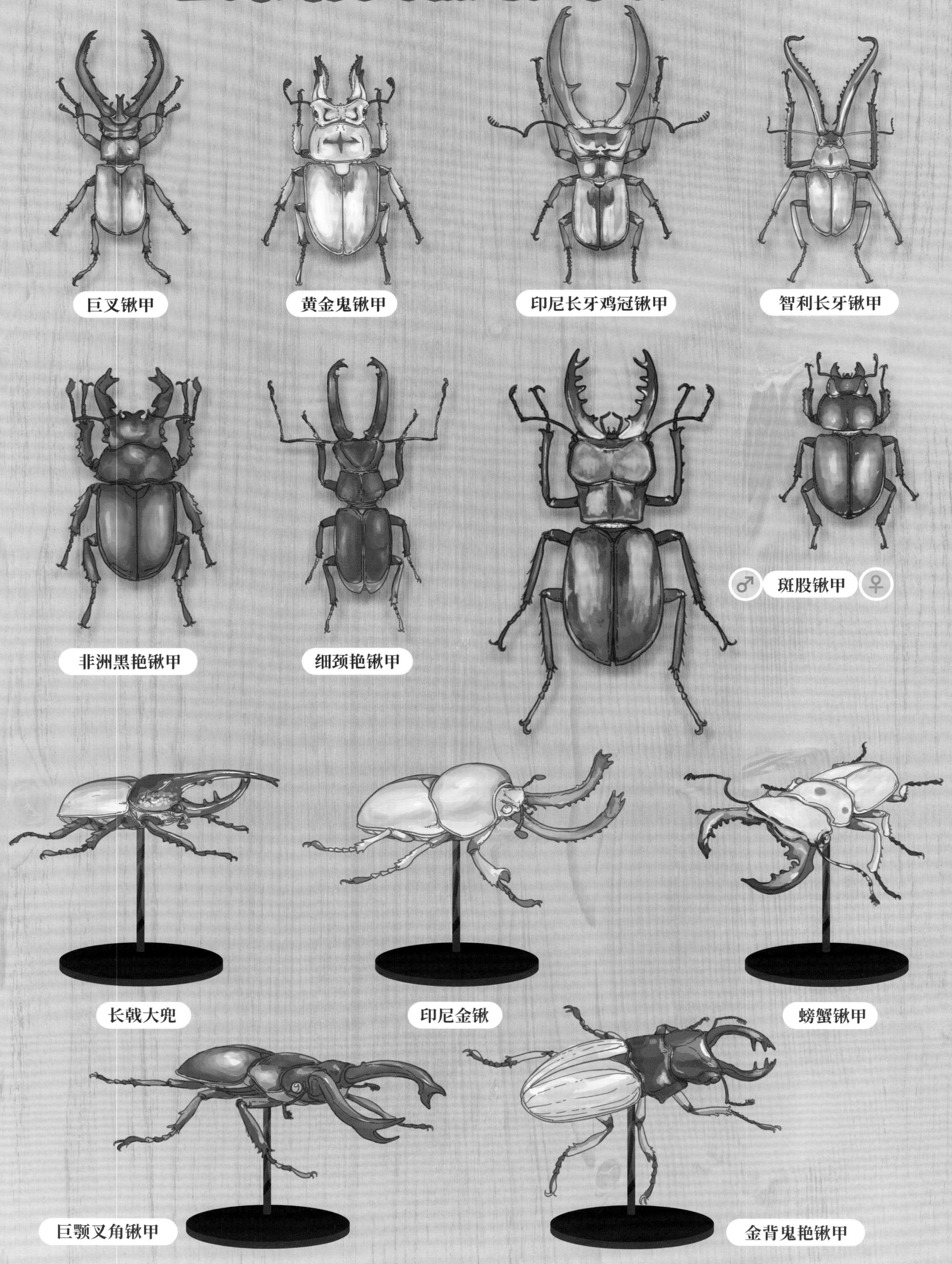

巨叉锹甲

黄金鬼锹甲

印尼长牙鸡冠锹甲

智利长牙锹甲

非洲黑艳锹甲

细颈艳锹甲

♂ 斑股锹甲 ♀

长戟大兜

印尼金锹

螃蟹锹甲

巨颚叉角锹甲

金背鬼艳锹甲

用吸管吃饭的半翅目家族 图鉴

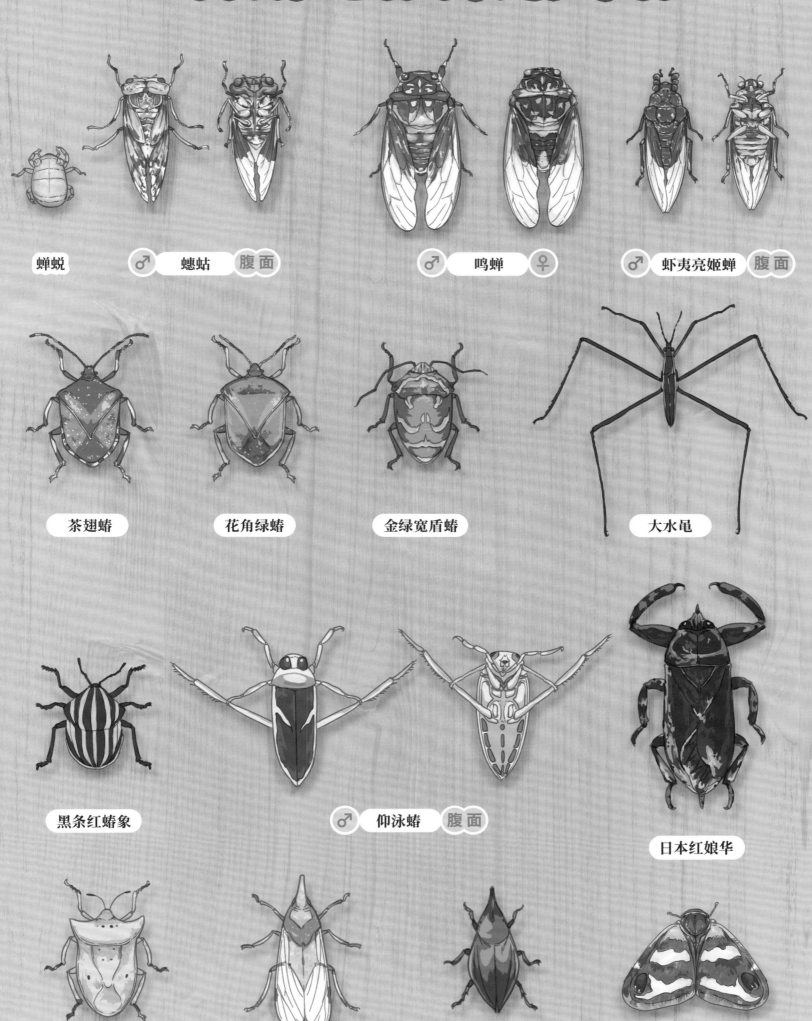

蝉蜕　♂ 蟪蛄 腹面　　♂ 鸣蝉 ♀　　♂ 虾夷亮姬蝉 腹面

茶翅蝽　　花角绿蝽　　金绿宽盾蝽　　大水黾

黑条红蝽象　　♂ 仰泳蝽 腹面　　日本红娘华

弯角蝽　　伯瑞象蜡蝉　　白纹象沫蝉　　日本广翅蜡蝉

等节跳虫（非昆虫）
世界各地都有跳虫的踪迹。等节跳虫常见于池塘、河流周围的土壤里，大小一般不足5毫米。

复眼

摇蚊
摇蚊一般成群生存在池塘、湖泊、水流附近，水污染越严重，摇蚊就越多，它们是检测水质的重要标志。

豉（chǐ）甲
豉甲有上、下两对复眼，方便它同时观察水面上下的情况。一旦遭遇危险，它们就会在水面上快速地回旋游动，扰乱敌人方寸。

玉带蜻

水黾（mǐn）

水蛛
水蛛能用蛛丝在水下做出一个封闭气囊，它们把腹部伸进气囊里呼吸，头和胸部则潜在水里，捕食路过的小鱼和蝌蚪。

水黾有一身"轻功水上漂"的功夫，因为它们的腿上长有绒毛，能"站"在水面上快速移动。

仰泳蝽

艾氏施春蜓

夏赤蜻

你以为水面上这只四仰八叉的虫子死掉了吗？可别被它骗啦！这家伙叫仰泳蝽，就喜欢"躺着"移动和捕食。

龙虱到水面换气时会顺便把空气储存在鞘翅下，这样，它们就拥有了一个"氧气瓶"，能在水下待很久。

石蛾幼虫
一种能用小石子、小树枝给自己做房子的水生昆虫。

黄缘龙虱
黄缘龙虱是一种非常凶猛的水生甲虫，能捕食比自己身体大很多倍的小鱼和小青蛙。它的后足长得像船桨一样，十分擅长划水。

淡水池沼

中华螳蝎蝽
这种蝎蝽身体很长，前足和螳螂一样有对"大镰刀"，它也因此得名。

红娘华
红娘华食性凶猛，尾部长有一根"呼吸管"，能伸出水面维持呼吸，这样身体就可以一直潜在水里活动、捕食了。

蠊蛾幼虫

蜉蝣

黄蜻

尺蝽

黄缘萤
黄缘萤的腹部长有发光器，成虫通过发出绿色或黄色的冷光与配偶通信。

蟾蝽
蟾蝽平时藏在泥里，能突然跳起来捕食，背上还有疙疙瘩瘩的小突起，样子活像一只"迷你蟾蜍"。

闪蓝丽大蜻

蓝豆娘

黑丽翅蜻

划蝽
划蝽是"噪音之王"，它们求偶时能通过摩擦身体发出高达90分贝的噪音。如果你走在河边，听见水边有刺耳的声音，别怀疑，就是它们在捣鬼！

穹宇萤幼虫
穹宇萤火虫的幼虫喜欢潜伏在水下捕食螺类，它们先将头探到贝壳中，用口器注射"麻醉剂"，再用消化液溶解螺肉，之后美美地饱餐一顿。

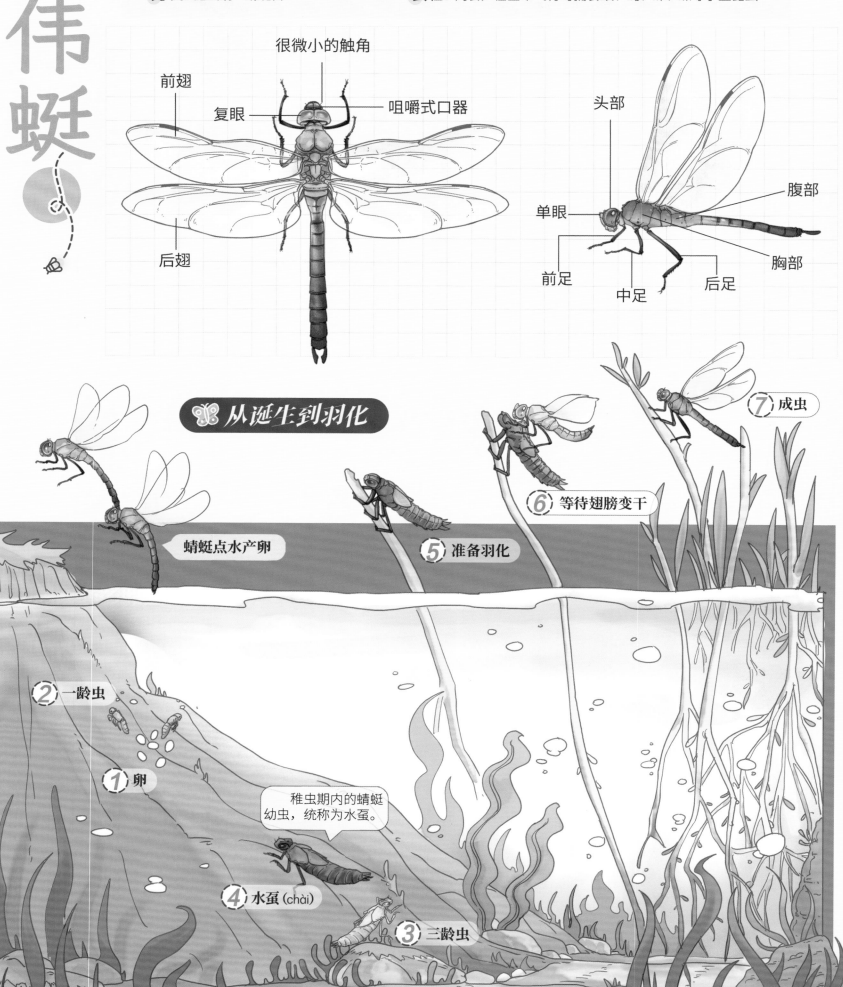

碧伟蜓

中文名称: 碧伟蜓
拉丁学名: *Anax parthenope julius*
分类: 昆虫纲—蜻蜓目

发育过程: 不完全变态(卵—稚虫—成虫)
栖息环境: 溪流、池塘、沼泽等流水环境
食性: 肉食,在空中飞行时捕食蚊、蝇、蜂、蝶等小型昆虫

很微小的触角

前翅

复眼

咀嚼式口器

后翅

头部

单眼

腹部

胸部

前足

中足

后足

从诞生到羽化

⑦ 成虫

⑥ 等待翅膀变干

蜻蜓点水产卵

⑤ 准备羽化

② 一龄虫

① 卵

稚虫期内的蜻蜓幼虫,统称为水虿。

④ 水虿(chài)

③ 三龄虫

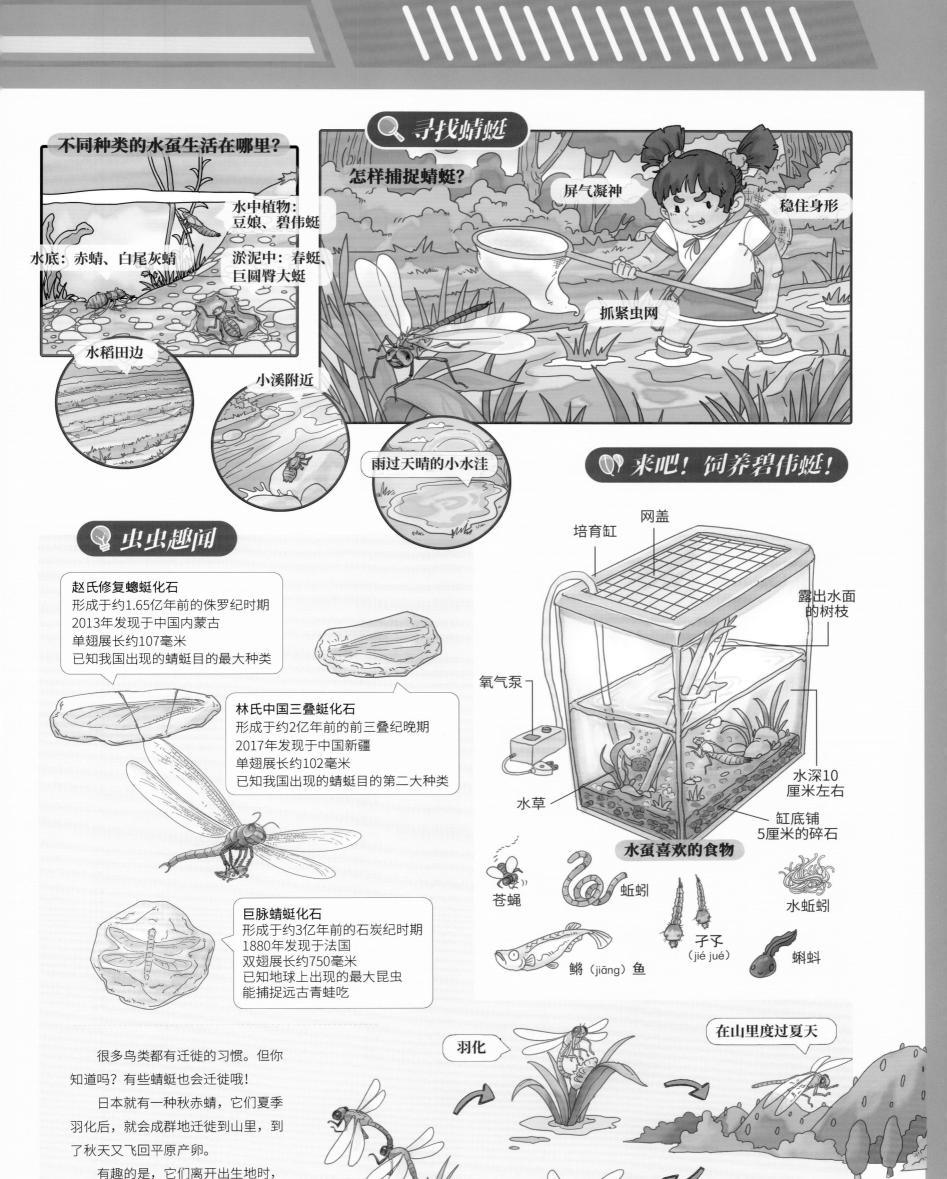

不同种类的水虿生活在哪里?

水中植物：豆娘、碧伟蜓

水底：赤蜻、白尾灰蜻

淤泥中：春蜓、巨圆臀大蜓

水稻田边

小溪附近

雨过天晴的小水洼

寻找蜻蜓

怎样捕捉蜻蜓？

屏气凝神

稳住身形

抓紧虫网

来吧！饲养碧伟蜓！

培育缸

网盖

氧气泵

露出水面的树枝

水草

水深10厘米左右

缸底铺5厘米的碎石

水虿喜欢的食物

苍蝇

蚯蚓

水蚯蚓

鳉（jiāng）鱼

孑孓（jié jué）

蝌蚪

虫虫趣闻

赵氏修复螅蜓化石
形成于约1.65亿年前的侏罗纪时期
2013年发现于中国内蒙古
单翅展长约107毫米
已知我国出现的蜻蜓目的最大种类

林氏中国三叠蜓化石
形成于约2亿年前的前三叠纪晚期
2017年发现于中国新疆
单翅展长约102毫米
已知我国出现的蜻蜓目的第二大种类

巨脉蜻蜓化石
形成于约3亿年前的石炭纪时期
1880年发现于法国
双翅展长约750毫米
已知地球上出现的最大昆虫
能捕捉远古青蛙吃

很多鸟类都有迁徙的习惯。但你知道吗？有些蜻蜓也会迁徙哦！

日本就有一种秋赤蜻，它们夏季羽化后，就会成群地迁徙到山里，到了秋天又飞回平原产卵。

有趣的是，它们离开出生地时，身体是橙色的，而回来的时候却全都变成了红色。

羽化

在山里度过夏天

在平原的水边产卵

秋天变红飞回平原

图鉴 让害虫闻风丧胆的蜻蜓目家族

♂ 隼尾螅 ♀

♂ 苇笛细螅 ♀

♂ 短尾黄螅

♂ 柳条绿色螅

♂ 奇印丝螅

♂ 白狭扇螅

♂ 膨腹丝螅

♂ 黑色螅 ♀

♂ 日本色螅

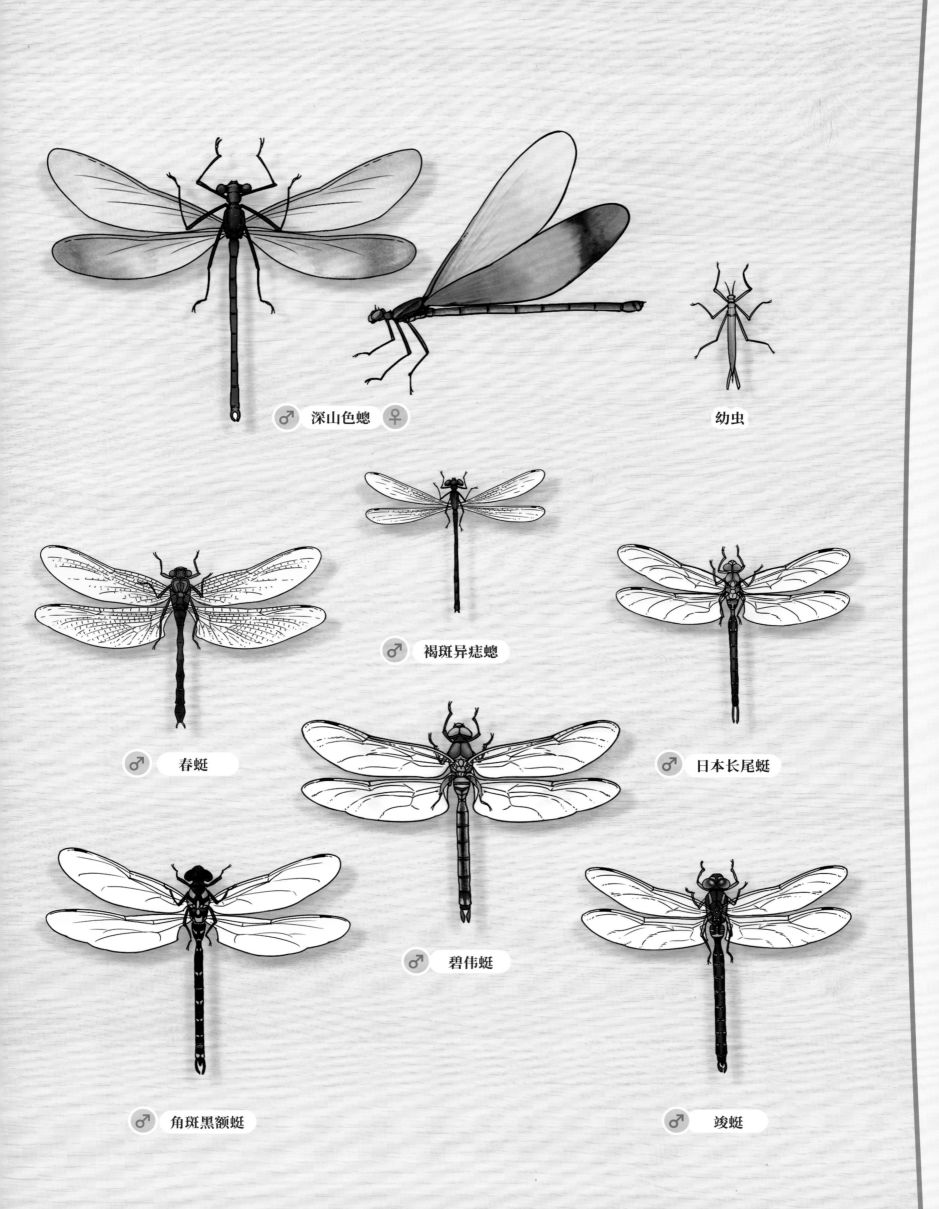

♂ 深山色蟌 ♀

幼虫

褐斑异痣蟌 ♂

春蜓 ♂

日本长尾蜓 ♂

碧伟蜓 ♂

角斑黑额蜓 ♂

竣蜓 ♂

让害虫闻风丧胆的蜻蜓目家族

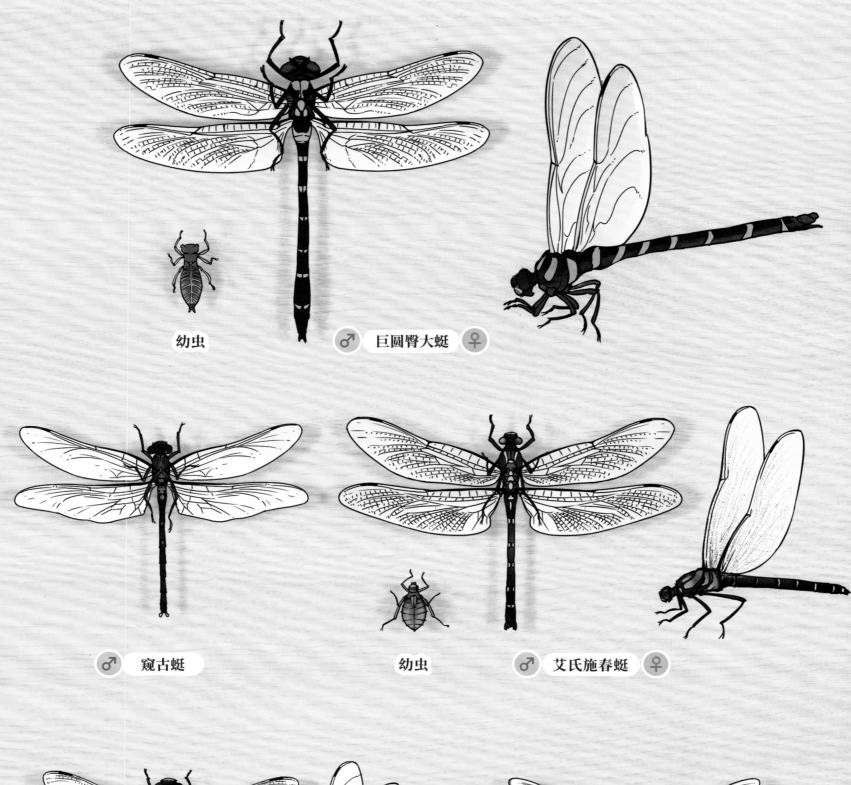

幼虫   ♂ 巨圆臀大蜓 ♀

♂ 窥古蜓   幼虫   ♂ 艾氏施春蜓 ♀

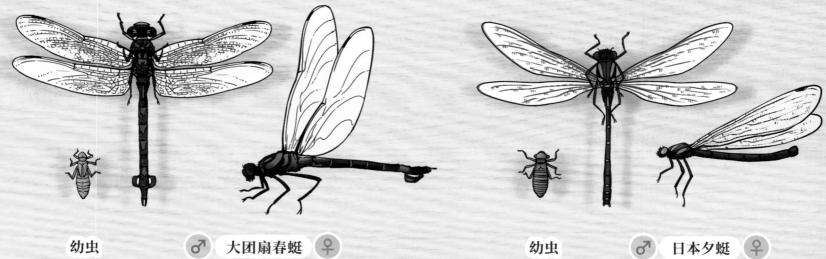

幼虫   ♂ 大团扇春蜓 ♀   幼虫   ♂ 日本夕蜓 ♀

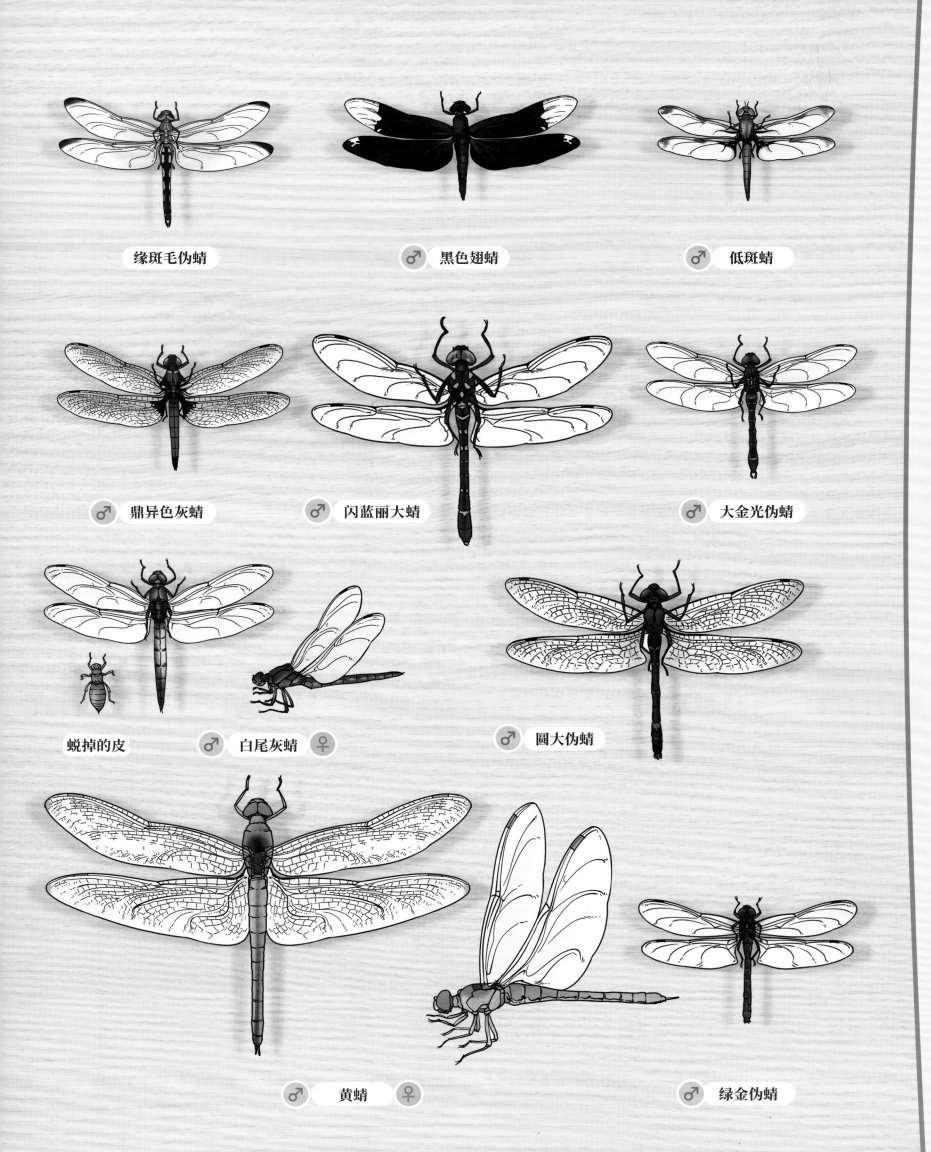

缘斑毛伪蜻

♂ 黑色翅蜻

♂ 低斑蜻

♂ 鼎异色灰蜻

♂ 闪蓝丽大蜻

♂ 大金光伪蜻

蜕掉的皮

♂ 白尾灰蜻 ♀

♂ 圆大伪蜻

♂ 黄蜻 ♀

♂ 绿金伪蜻

荒原
草原

金合欢蚁
这是一种与金合欢树"共生"的蚁类，它们住在金合欢树的"刺"里，平时以花蜜为食。当遇到爱吃金合欢树叶的动物时，它们就会群起而攻之，保护自己的"家"。

吓！

兄弟们，上！让这只坏长颈鹿看看咱们的厉害！

锥头蝗
锥头蝗身上有鲜艳的保护色，受到威胁时，会立刻张开翅膀，发出"沙沙"的声响，恐吓敌人。

食蚜蝇

非洲沙漠蝗

褶翅蜂

茎蜂

食虫虻
凶猛的食虫虻常常捕食蝗虫、蚊、蜂等昆虫，能有效抑制害虫滋生。但如果养蜂人遭遇了食虫虻，恐怕损失就大了，毕竟"美食"当前，食虫虻才不管对方是不是害虫呢。

粪金龟
说出来你可能不信……这个世界上竟有一种昆虫喜欢吃"屁屁（bǎ ba）"，还将粪便作为温床养育后代，这就是我们俗称为屎壳郎的粪金龟。

甲蝇

大蚊

蝼蛄
蝼蛄喜欢采食植物的根，它短而宽的前足十分善于挖掘，是一种全世界分布的害虫。

寄生虱
寄生虱一般寄生在哺乳动物的毛发上，吃毛发上的分泌物，偶尔也会吸血。

好险！差点儿被踩扁！

鼓翅蝇

杆蝇

蝶角蛉
蝶角蛉因为长相的缘故，常被误认为是蜻蜓。产卵时，它们会将卵整齐地排列在草茎上，很有特点。

白蚁
白蚁是建筑天才，却不擅长打仗。面对天敌土豚，或者天性好战、喜欢霸占别人巢穴的扁头猛蚁，白蚁们只有节节败退的份儿。

我可能是天生的强迫症。

叩头虫
叩头虫在遇到危险时，能瞬间将自己弹到空中，并发出"嗑嗒（kē dā）嗑嗒"的声响威胁敌人。

隐翅虫

阎甲
白蚁巢穴里的"菌室"是隐翅虫和阎甲的"度假天堂"，这里长满真菌，温暖湿润，吃住不愁！

刺蛾

蚁蛉

突眼蝇

大头蚁

蚁狮
蚁蛉的幼虫叫作"蚁狮"，它们能在沙地上制造"流沙"陷阱，伏击敌人。

扁头猛蚁

东亚飞蝗

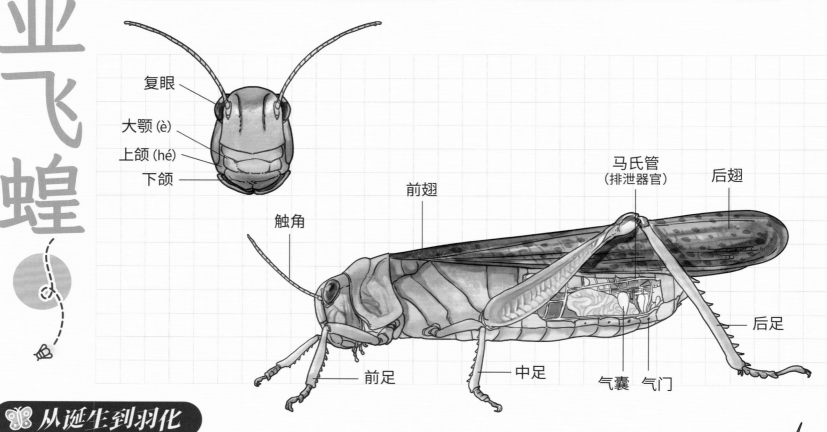

中文名称: 东亚飞蝗
拉丁学名: *Locusta migratoria manilensis*
分类: 昆虫纲—直翅目

发育过程: 不完全变态(卵—若虫—成虫)
栖息环境: 温暖、干燥的草场、草丛
食性: 绝大部分蝗虫以各种草类为食

复眼
大颚 (è)
上颌 (hé)
下颌

前翅
触角
马氏管
(排泄器官)
后翅
后足
前足
中足
气囊 气门

🦋 从诞生到羽化

① 卵
② 孵化
③ 若虫
④ 准备羽化
⑤ 羽化
⑥ 等待翅膀晾干
⑦ 成虫

🔍 寻找蝗虫

农田

枯草

石碓

怎样拿住蝗虫呢?

小河边

草丛

捏住后足根部并夹紧翅膀

同时捏住两只后足

培育箱

🐛 来吧! 饲养蝗虫!

产卵　交配　食物

10～15厘米厚的土

狗尾草是蝗虫最爱的食物之一。

注: 蝗虫只吃草, 不吃树叶或花。

狗尾草

捉到的蝗虫可以放进虫网里, 没有虫网就用空的矿泉水瓶代替。

💡 虫虫趣闻

北宋著名书法家米芾在出任雍丘县令时, 曾发生过一段与蝗虫有关的趣闻。有一年闹蝗灾, 百姓们即使用火烧, 也烧不净迅速滋生的蝗虫。

临县也一直受到蝗灾侵扰, 那里的百姓不好好抗灾, 还把责任都推到雍丘县身上, 说蝗虫都是从那里驱赶过来的。

于是县令便写了一封信质问米芾, 让他治理好自己境内的蝗虫, 不要干扰到临县。米芾收到信时正好在宴客, 有点儿哭笑不得, 立刻挥笔写了一首诗表达他的无奈。

蝗虫还能听懂我的号令? 那我可太厉害了……

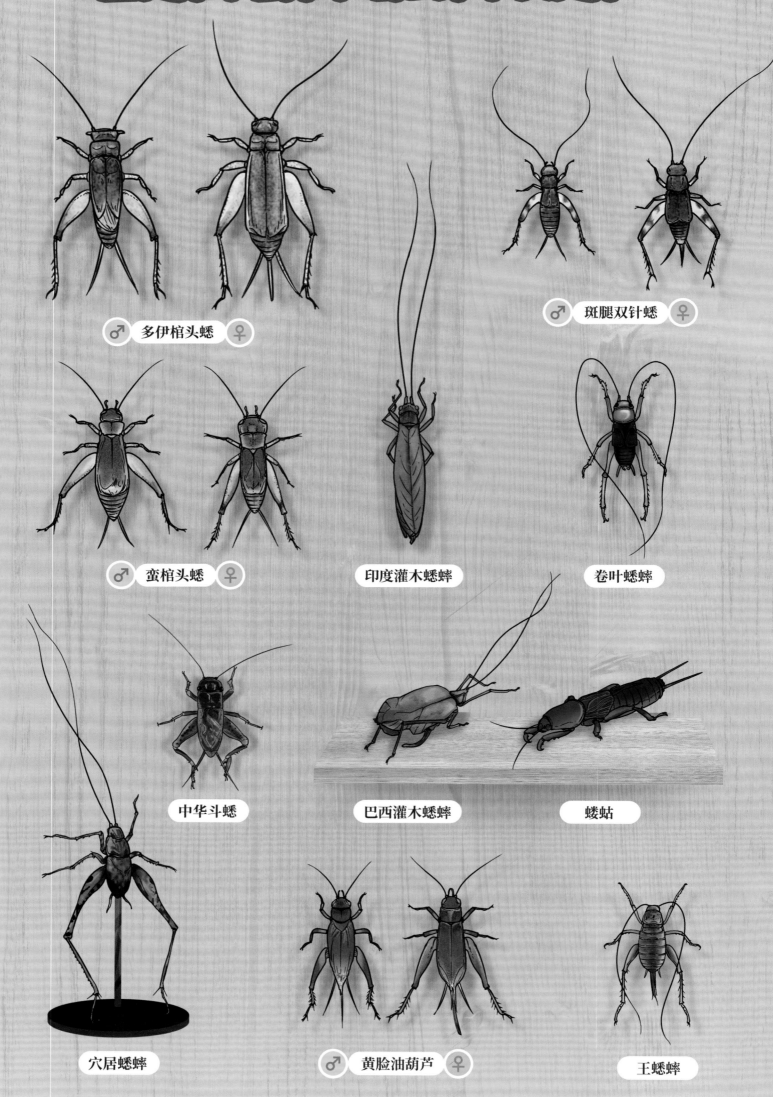

♂ 多伊棺头蟋 ♀

♂ 斑腿双针蟋 ♀

♂ 蛮棺头蟋 ♀

印度灌木蟋蟀

卷叶蟋蟀

中华斗蟋

巴西灌木蟋蟀

蝼蛄

穴居蟋蟀

♂ 黄脸油葫芦 ♀

王蟋蟀

♂ 二色戛蝗 ♀

♀ 日本黄脊蝗

锥头蝗

菱蝗

非洲沙漠蝗

♂ 日本纺织娘

♂ 布氏蝈螽

有斑螽斯

普通蚤

多毛蚤

雪蝎蛉

沼泽螽斯

头虱

鸟虱

哺乳类啮毛虱

日本蝎蛉

普通蝎蛉

蚊蝎蛉

收获蚁

在摩洛哥的沙漠里，生活着一种以谷物为食的收获蚁，它们能通过太阳辨别方向，所以能将觅食范围扩散得很远。

魔花螳螂

在所有花朵拟态的螳螂中，魔花螳螂的体形最大。

非洲沙漠蝗

论起昆虫界的破坏王，非洲沙漠蝗一定可以位居榜首，一支庞大的蝗群能在一天内吞噬将近10万吨食物。

纳米布沙漠甲虫

这是一种掌握了在沙漠里取水方法的拟步甲昆虫，主要生活在干旱的纳米布沙漠里。它们的翅膀上有一种亲水纹理，能在干旱的沙漠中积攒为数不多的水蒸气，然后利用翅膀上防水的凹槽纹路，让水珠流进嘴里。很聪明吧？

北非黑肥尾蝎（非昆虫）

以色列金蝎（非昆虫）

以色列金蝎的毒性据说位居世界第一，如果注入的毒液足够的话，甚至可以毒死一个成年人。

好肥的一只小蜂鸟，我都流口水了！

皇帝巴布蜘蛛（非昆虫）

沙漠洞穴

沙漠蛛蜂
沙漠蛛蜂体长可达5厘米，属于最大的胡蜂。它们通常独来独往，极为凶猛，能够捕食狼蛛。

红活板门蛛（非昆虫）
这种蜘蛛能在沙地上挖出一个将近1米深的地穴，然后用丝在洞口上做一个盖子。当猎物靠近时，它们就能通过丝线感应到，然后以迅雷不及掩耳之势钻出洞口，捕食猎物。

扁虱
俗称"蜱（pí）虫"，常常寄生在哺乳动物毛发较少的皮肤上，以血液为食。它们吸血时，会利用口器上的倒刺把自己牢牢固定在皮肤上。

避日蛛（非昆虫）
避日蛛在沙地上爬行时，可以不发出任何声音，这便于它在猎物身后偷袭。

又不小心踩了一脚胭脂虫……

胭脂虫
这是一种寄生在仙人掌上的小虫子，它们虽然是破坏仙人掌的害虫，却也是一种珍贵的经济资源昆虫，因为人们能从胭脂虫身上提取一种重要的安全色素——"洋红酸"。

足丝蚁
足丝蚁的前足很有特点，长有一种能储存丝线的特殊结构。雌性产卵后会用丝在岩缝中或树皮下织出一个小帐篷，保护卵不受外界伤害。

旌蛉（jīng líng）
你没有读错拼音哦！这种小飞虫就叫"精灵"，是一种广泛分布在亚热带和热带地区的昆虫（除北美洲外），你常常能在干燥的沙地和洞穴的入口发现这种美丽的"小精灵"。

皇帝巴布蜘蛛

中文名称：皇帝巴布蜘蛛

拉丁学名：*Citharischius crawshayi*

分类：蛛形纲—蜘蛛目

发育过程：蜘蛛非昆虫，它们的发育过程与昆虫的变态发育无关

栖息环境：温暖、湿度高的沙漠洞穴

食性：蟋蟀、小蜥蜴、乳鼠等小型动物

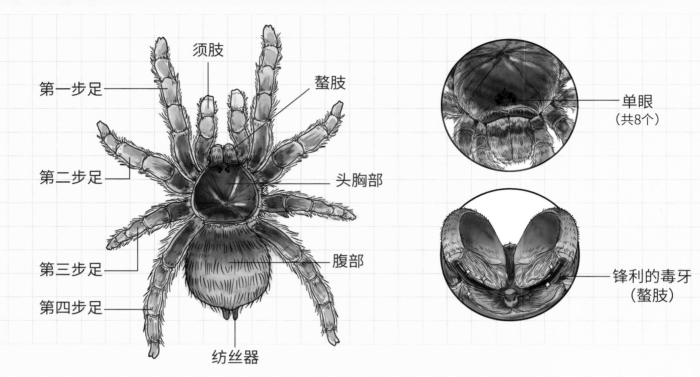

须肢
螯肢
第一步足
第二步足
头胸部
第三步足
腹部
第四步足
纺丝器
单眼（共8个）
锋利的毒牙（螯肢）

从诞生到羽化

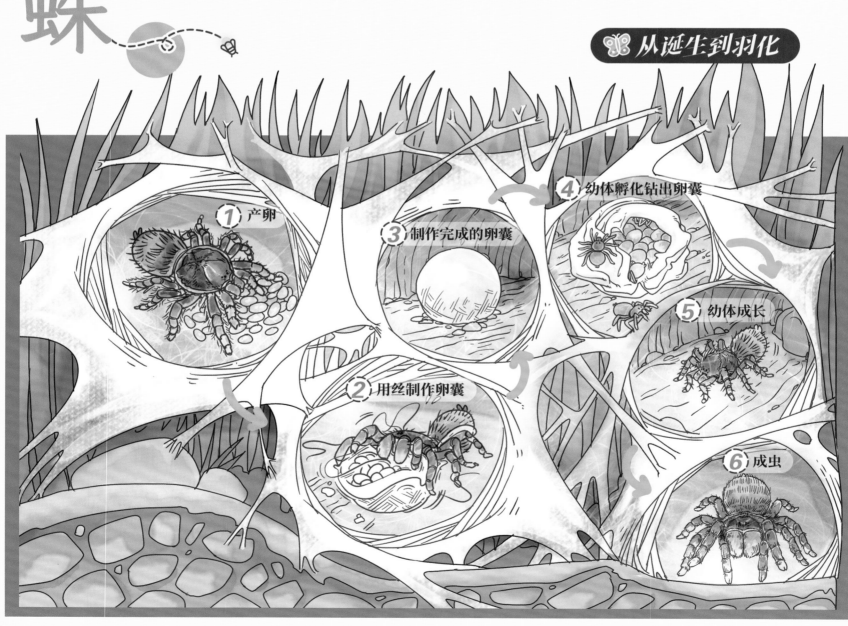

① 产卵
② 用丝制作卵囊
③ 制作完成的卵囊
④ 幼体孵化钻出卵囊
⑤ 幼体成长
⑥ 成虫

寻找蜘蛛

捕鸟蛛的栖息方式大体有三种，即地栖、穴栖、树栖。当你走在野外时，一定要尽量远离这些地方哦！

格莱斯捕鸟蛛

树栖

巴伊亚猩红食鸟蛛

新加坡蓝蜘蛛

地栖

穴栖

墨西哥红膝鸟蛛

亚马逊巨人食鸟蛛

虎纹捕鸟蛛

越南捕鸟蛛

皇帝巴布蜘蛛

生物学家是怎样饲养皇帝巴布蜘蛛的？

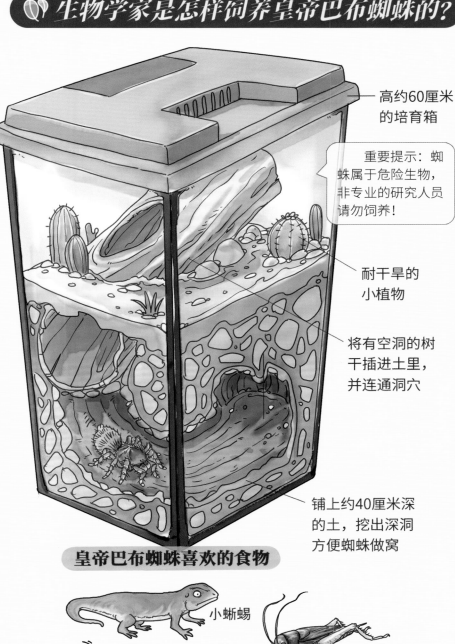

高约60厘米的培育箱

重要提示：蜘蛛属于危险生物，非专业的研究人员请勿饲养！

耐干旱的小植物

将有空洞的树干插进土里，并连通洞穴

铺上约40厘米深的土，挖出深洞方便蜘蛛做窝

皇帝巴布蜘蛛喜欢的食物

小蜥蜴

乳鼠（专供宠物食用的鼠仔）

蟋蟀

虫虫趣闻

早在第二次世界大战时，科学家就已经利用蜘蛛丝制作高科技产品了，像望远镜、枪炮等精密仪器上用于瞄准的十字准线，就是用蛛丝制成的。

你能很快地把两种"风马牛不相及"的动物联系起来吗？比如……蜘蛛和山羊？

美国就有这样一群科学家，他们成功提取了蛛丝基因，并把它与山羊的基因相结合，培育出了一种转基因山羊——"蜘蛛羊"。这种山羊的羊奶中含有一种丝蛋白，与能产生蛛丝的丝蛋白极为相似。

里奥格兰金毛捕鸟蛛

墨西哥红膝鸟蛛

哥伦比亚镭射捕鸟蛛

黑色蚁蛛

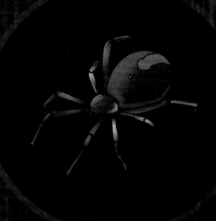

红背蜘蛛

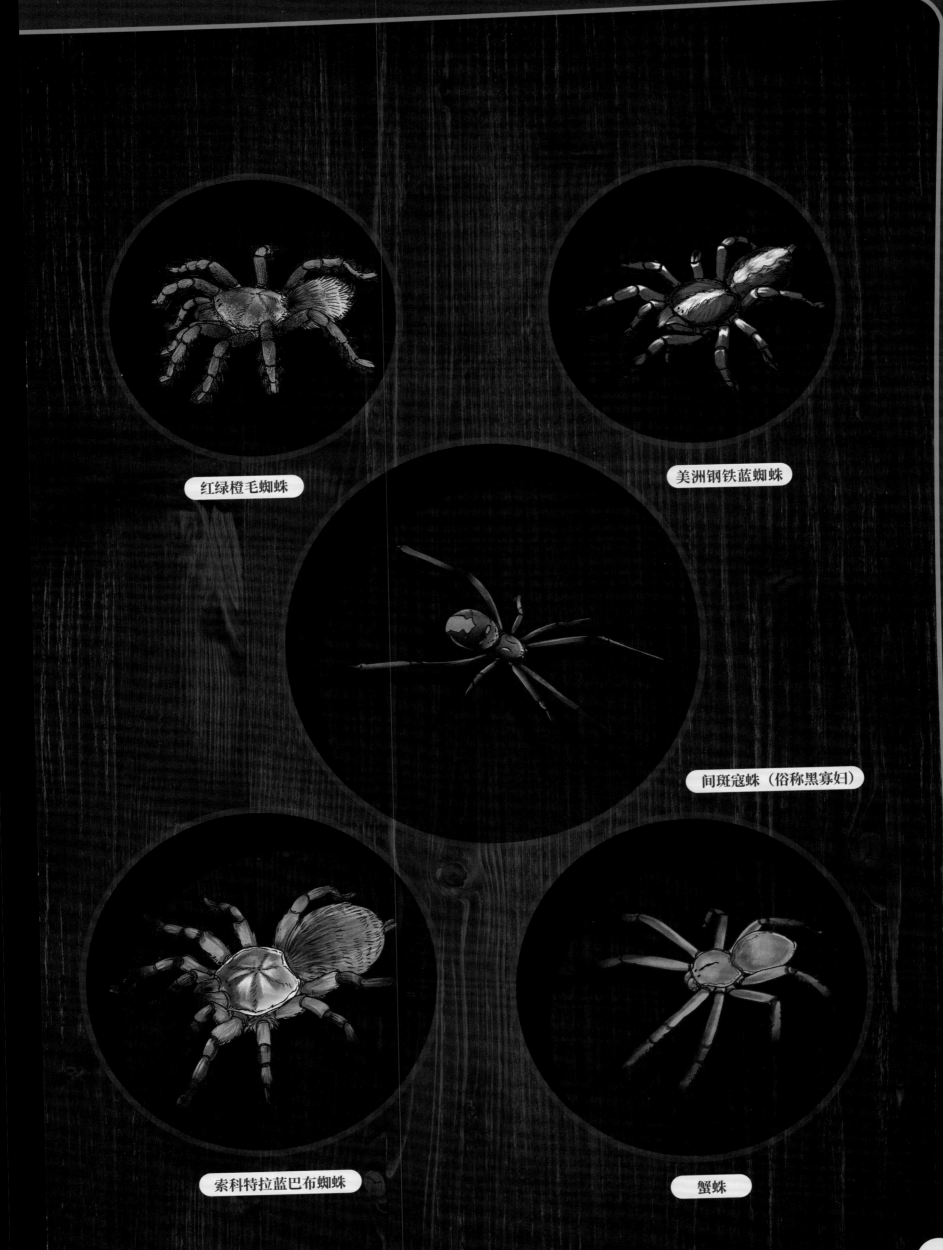

红绿橙毛蜘蛛

美洲钢铁蓝蜘蛛

间斑寇蛛（俗称黑寡妇）

索科特拉蓝巴布蜘蛛

蟹蛛

 斜纹猫蛛

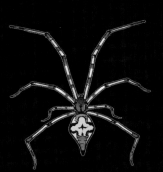 华丽金姬蛛

 黄腹波纹蛛

 五纹圆蛛

 黑色金姬蛛

 宽胸蝇虎

 白须扁蝇虎

 纹豹蛛

 弗氏纽蛛

 黄边绿姬鬼蛛

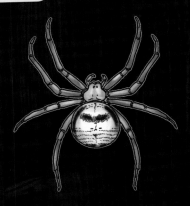 黑绿鬼蛛

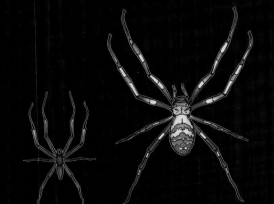 棒络新妇

 蟾蜍曲腹蛛

 荣艾普蛛

琉球三角蟹蛛

三角蟹蛛

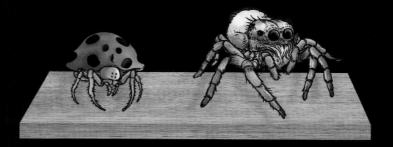

瓢蛛　　　　蝇虎跳蛛

♀ 横纹金蛛

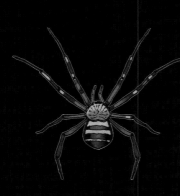

♀ 悦目金蛛

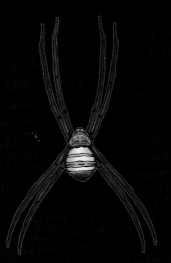

长圆金蛛

条纹嫩叶蛛

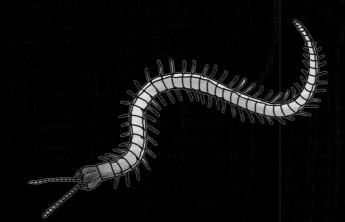

日本长头地蜈蚣

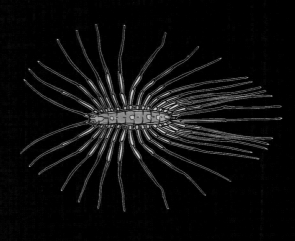

大蚰蜒

47

鞍背刺蛾幼虫
看，它背上的花纹像不像马鞍？

褐边绿刺蛾
褐边绿刺蛾的幼虫就是我们俗称的"洋辣子"。

青刺蛾幼虫

我们常能在花园里发现一些浑身带刺、颜色鲜艳的毛毛虫，它们看起来漂亮，却都不好惹。如果不小心被它们有毒的绒毛刺到，皮肤就会变得疼、痒、麻、热起来，有时还会引起皮疹。

中华剑角蝗

扁刺蛾幼虫

黄刺蛾幼虫

花萤
花萤的英文名字是"soldier beetle"，直译过来就是"士兵甲虫"，这是因为有些花萤身上红、黄、黑的配色很像老式军装。

黄粉蝶

花蚤
花蚤在受到惊吓或被捉时，能迅速跳跃、旋转和翻滚，但有时大敌当前，它们会选择把头缩到身体下面装死。

不妙！这么大一只仓鼠，我先装死！

白粉蝶

青蜂
浑身金属色的青蜂属于寄生蜂，它们会将卵产在其他蜂类的巢中。青蜂的腹部可以弯曲，受惊时会弯成球形。

熊蜂
熊蜂会利用废弃的地下巢穴筑巢，它们在里面用蜂蜡筑成一个个"小罐子"，幼虫就是从这样的"单间育幼室"里孕育出来的。

尖胸沫蝉
沫蝉的幼虫擅长在树枝间制造泡沫屏障，躲在里面既温暖又安全。它们虽然长了翅膀，但弹跳能力却远远高于飞行能力。

灌木花丛

下面的熊蜂巢不错，我产个卵好了。

蓝灰蝶

虎凤蝶

切叶蜂
切叶蜂常从植物的叶子上切取半圆形的小叶片，作为垫材带进蜂巢。

黄掌舟蛾
黄掌舟蛾的拟态很像一根断掉的小树枝。

螽斯

漏斗蛛（非昆虫）
漏斗蛛也叫草蛛，它们常常会在蛛网中间做出一个漏斗形状的潜伏处，因此得名。

想打架？

你不服吗？

一出好戏。

蟋蟀

果蝇

跳蛛（非昆虫）
跳蛛有八只眼睛，其中两只比其他的都大些，看上去就像是老式轿车的头灯。它们通常会悄悄靠近猎物，到了一定距离就迅速跳起来捕食。

七星瓢虫
七星瓢虫以蚜虫等害虫为食，是一种对人类贡献很大的益虫。它们的背甲上长有7个深颜色的斑点，因此得名。

桑螵蛸
（中华大刀螳的卵鞘）
刚出生的小螳螂势单力薄，不仅体形小，"镰刀"也尚未具备攻击性，常常会被天敌直接扼杀在摇篮里。

透翅蛾
这种正在吸食栀子花蜜的昆虫看上去很像蜂类，但实际上却是一种透翅蛾。

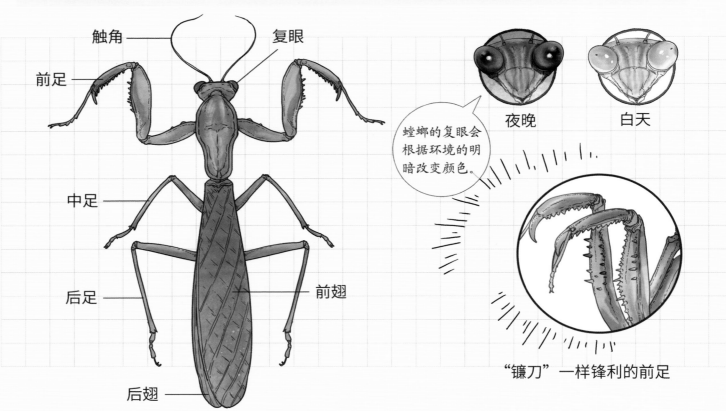

中华大刀螳

中文名称： 中华大刀螳

拉丁学名： *Tenodera Sinensis*

分类： 昆虫纲—螳螂目

发育过程： 不完全变态(卵—若虫—成虫)

栖息环境： 各种生境的花丛、灌木丛或枝干上

食性： 纯肉食且只捕食活体

触角

复眼

前足

中足

后足

前翅

后翅

夜晚

白天

螳螂的复眼会根据环境的明暗改变颜色。

"镰刀"一样锋利的前足

从诞生到羽化

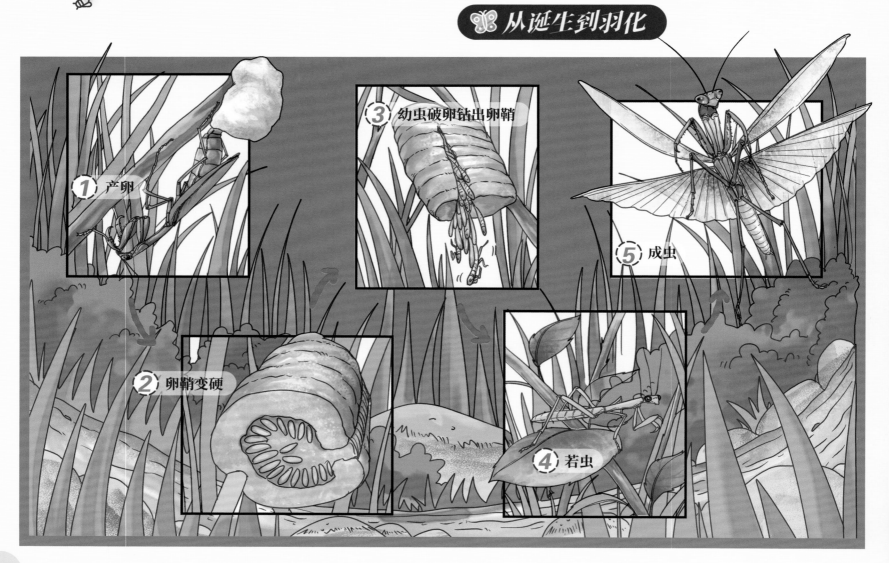

① 产卵

② 卵鞘变硬

③ 幼虫破卵钻出卵鞘

④ 若虫

⑤ 成虫

寻找螳螂

中华大刀螳的卵鞘，也是一味中药材。

专注

正在捕食菜粉蝶的中华大刀螳

桑螵蛸

捉螳螂时，一定要小心它们的"镰刀"，不要被划伤！

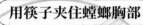
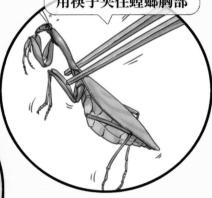

捏住螳螂胸部，牢牢固定住它们的"镰刀"

用筷子夹住螳螂胸部

在野外的灌木丛、矮树枝里翻翻吧！除了螳螂，你还能找到"桑螵蛸"，把它连同树枝一起剪下来，带回家培育，就能观察到小螳螂孵化的过程哦！

来吧！饲养螳螂！

螳螂只吃会活动的小虫，而对乖乖摆在自己嘴边的食物毫无兴趣！

螳螂是非常凶猛的昆虫，对同类也毫不手软，每只必须单独饲养。

同样是螳螂，凭啥它就有好吃的！

隔板

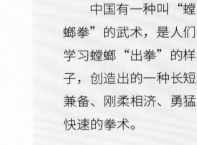

虫网里捉到的螳螂，不要直接伸手取出。可以拉直并抖动虫网，将螳螂抖进培育箱等容器。

透气的培育网箱

喷雾水壶

螳螂喜欢通风、湿润的环境，每天请按时为培育箱喷洒水雾。

树枝

桑螵蛸

固定树枝的石头

记得观察完小螳螂孵化后，早早将它们放生，因为螳螂幼虫极难喂养，而且它们成长所需的环境很难营造。

虫虫趣闻

嘿 哈～

中国有一种叫"螳螂拳"的武术，是人们学习螳螂"出拳"的样子，创造出的一种长短兼备、刚柔相济、勇猛快速的拳术。

在古希腊，人们将螳螂视为先知，因螳螂将前臂举起来的样子很像祈祷的人，所以又被称作"祷告虫"。

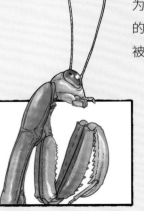

螳螂喜欢的食物

蚱蜢

果蝇

蚜虫

蟋蟀

蜻蜓

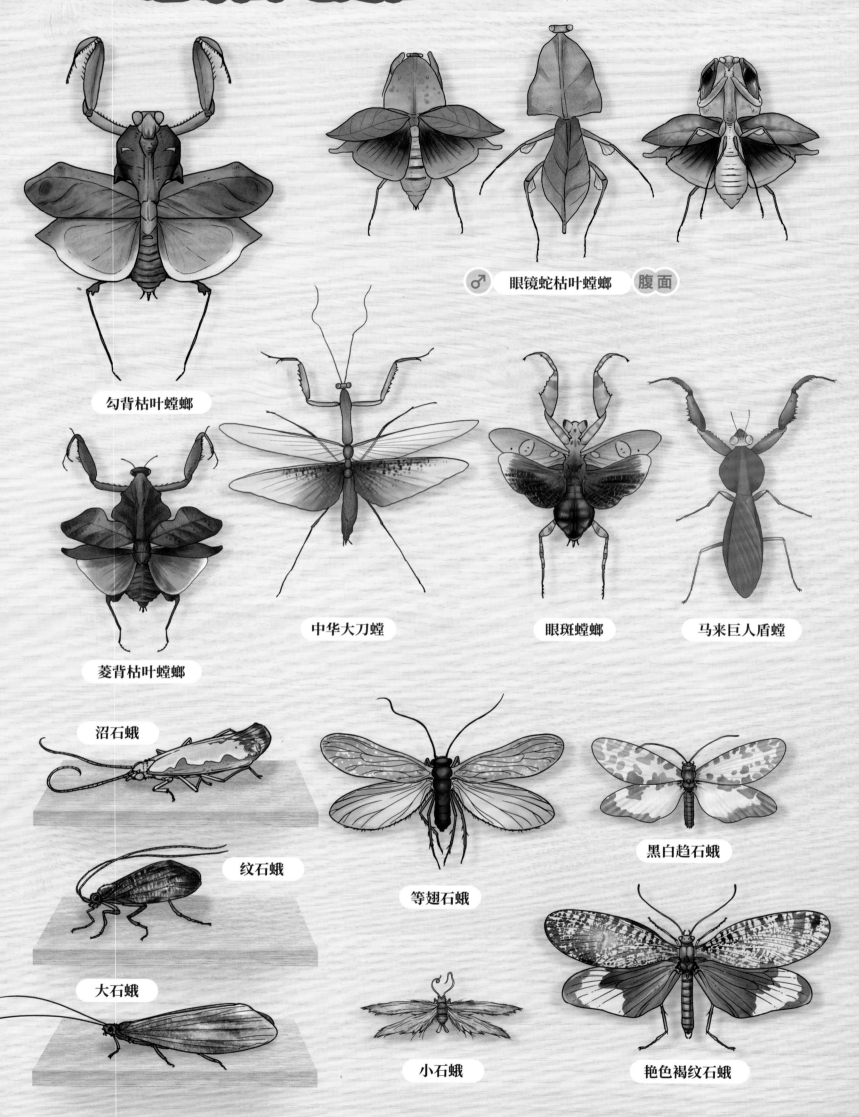

♂ 眼镜蛇枯叶螳螂 腹面

勾背枯叶螳螂

菱背枯叶螳螂

中华大刀螳

眼斑螳螂

马来巨人盾螳

沼石蛾

纹石蛾

等翅石蛾

黑白趋石蛾

大石蛾

小石蛾

艳色褐纹石蛾

勤勤恳恳的膜翅目家族 图鉴

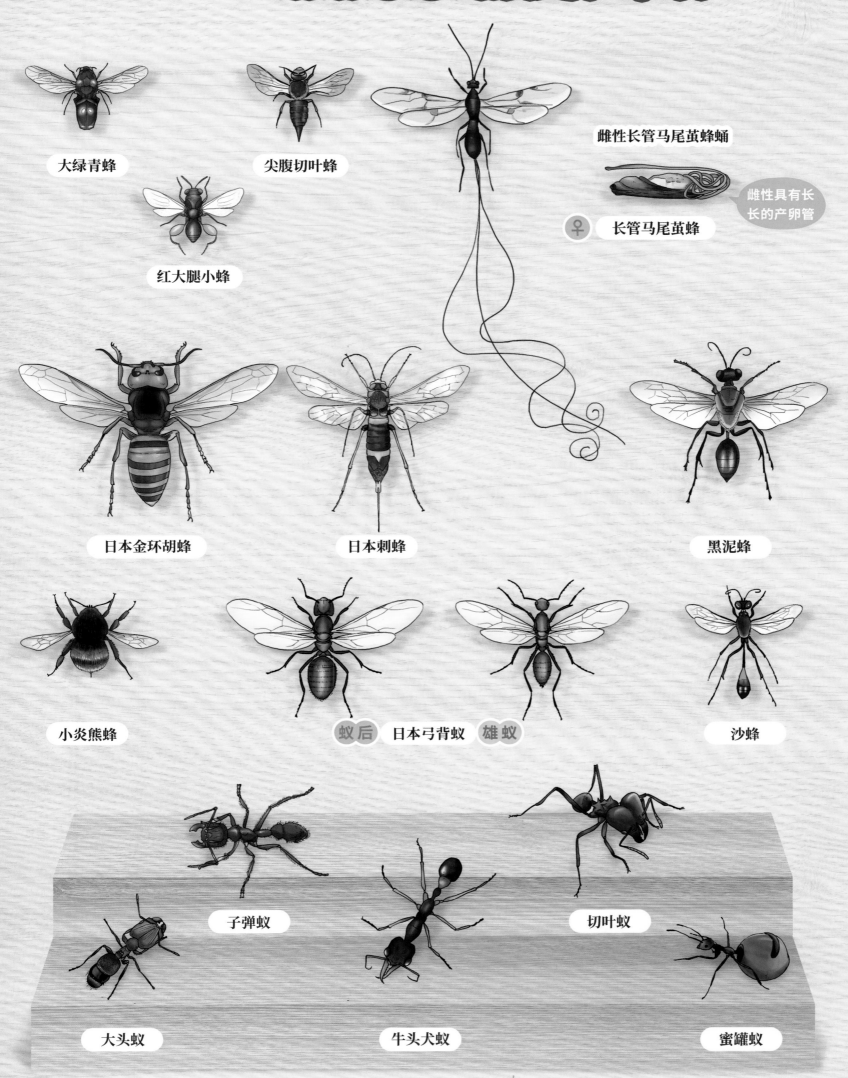

大绿青蜂

尖腹切叶蜂

红大腿小蜂

雌性长管马尾茧蜂蛹

♀ 长管马尾茧蜂

雌性具有长长的产卵管

日本金环胡蜂

日本刺蜂

黑泥蜂

小炎熊蜂

蚁后 日本弓背蚁 雄蚁

沙蜂

子弹蚁

牛头犬蚁

切叶蚁

大头蚁

蜜罐蚁

白纹伊蚊

中文名称：白纹伊蚊
拉丁学名：*Aedes albopictus*
分类：昆虫纲—双翅目

发育过程：完全变态（卵—幼虫—蛹—成虫）
栖息环境：阴暗、避风的地方
食性：雄性吸食花蜜、果实的汁液等；雌性吸食动物血液

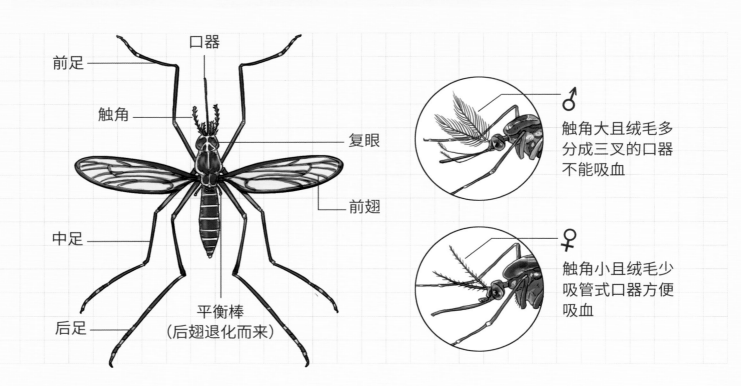

口器
前足
触角
复眼
前翅
中足
后足
平衡棒
（后翅退化而来）

♂ 触角大且绒毛多
分成三叉的口器
不能吸血

♀ 触角小且绒毛少
吸管式口器方便
吸血

🦋 从诞生到羽化

① 卵
紧密排列浮在水面上

④ 羽化
很像站在水面上

② 孑孓
蚊子的幼虫，将"尾巴"伸出水面呼吸

③ 蛹

⑤ 成虫
雄性吸食露水
雌性吸血

躲避蚊子

为了防止被蚊子叮咬，尽量不要去充满积水、昏暗的地方，如下水道、死水、池塘等。

清除幼虫

幼虫常常成群聚集在污水里，我们可以在这些地方找到它们，清除这些害虫。

废弃的盛水桶

腐烂的树桩

积水的花盆托盘

不干净的小水注

蚊子对动物散发的汗味以及呼出的二氧化碳很敏感。讲卫生、常洗澡能有效地减少被蚊子叮咬。

防治蚊子

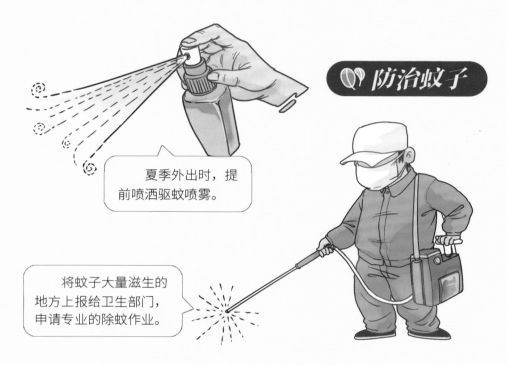

夏季外出时，提前喷洒驱蚊喷雾。

将蚊子大量滋生的地方上报给卫生部门，申请专业的除蚊作业。

虫虫趣闻

蚊子虽小，却危害巨大。每年因为蚊虫叮咬而染上流行性乙型脑炎、登革热、疟（nüè）疾等疾病的人不计其数，甚至因此导致死亡。在经济条件落后的热带地区，除蚊工作更是卫生防疫中的重点。

嘿嘿~

宝宝怎么孵不出来？

为了消灭蚊子，科学家甚至还研究出了为蚊子绝育的办法。他们先用特定的病菌感染雄蚊，再把它们放走，和这些雄蚊交配过的雌蚊，虽然可以产卵，但这些卵却不能孵化。

被蚊子叮后为什么会觉得痒呢？那是因为蚊子在吸血时，为了防止血液凝结，会先注入一点儿它的唾液，这些唾液不但含有细菌，还会让人产生强烈的过敏反应，也就是我们经历的红肿、发痒了。

嘿嘿，餐前加点儿料，味道会更好。

东方水蠊

东方蜚蠊

纹蓟马

普通蓟马

管蓟马

小型冬石蝇

美洲蜚蠊

春石蝇

普通石蝇

胎生蜚蠊

德国小蠊

花斑蜚蠊

欧洲蠷螋

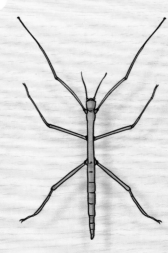

栎棒螭

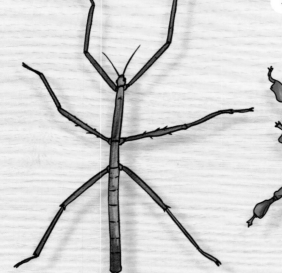

竹节虫

曼克里氏鬼虫

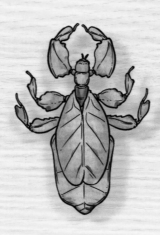

叶子虫

纹蠷螋

蟹蠷螋

常驻害虫榜的双翅目家族 图鉴

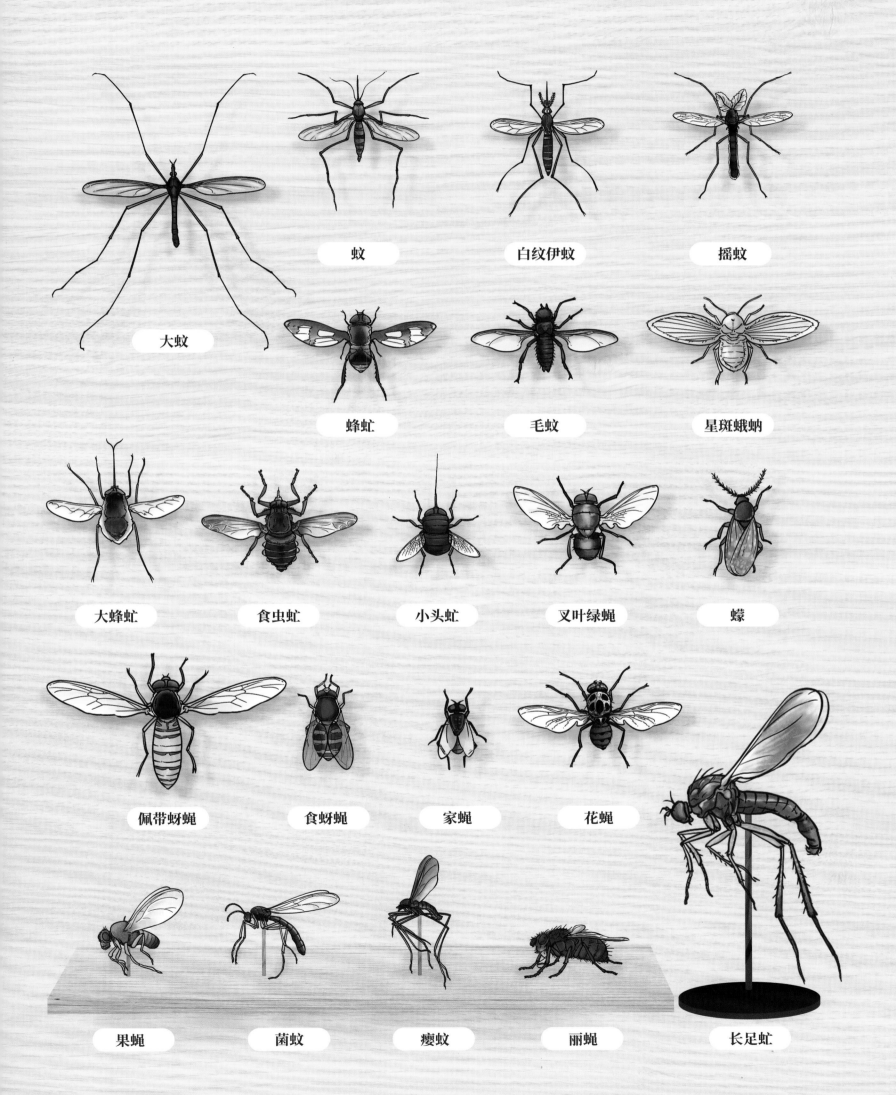

蚊

白纹伊蚊

摇蚊

大蚊

蜂虻

毛蚊

星斑蛾蚋

大蜂虻

食虫虻

小头虻

叉叶绿蝇

蠓

佩带蚜蝇

食蚜蝇

家蝇

花蝇

果蝇

菌蚊

瘿蚊

丽蝇

长足虻

百态虫生 呼吸

细想想，虫虫们……好像没有鼻子？那它们是怎么呼吸的呢？让我们先来看个小实验吧！

小实验

凡士林覆盖蝗虫头部

装入

A

正常

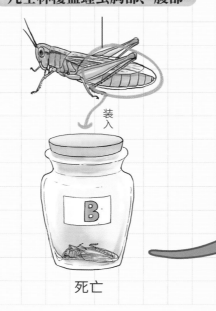

凡士林覆盖蝗虫胸部、腹部

装入

B

死亡

凡士林

能隔绝空气！

① 将凡士林分别涂抹在蝗虫身体的不同部位

② 将两只蝗虫分别放入密闭的玻璃瓶A与B中，等待约5分钟，观察瓶中蝗虫的状态

密闭环境下，氧气含量有限，蝗虫虽然会消耗一定量的氧气，但5分钟内，A瓶中的蝗虫依然健康存活，说明瓶中氧气足够蝗虫维持生命。B瓶中的蝗虫死亡，说明它没有呼吸到氧气。因此能够判断，蝗虫的呼吸器官并不在头部，而在胸部与腹部。

大多数陆栖昆虫

毛毛虫身上的气门

蝗虫的胸部、腹部有一套完整的呼吸系统，包含气门、气管和气囊。气门能够自由开合，气管由体壁内陷形成，气囊可以根据情况扩张或收缩。这样的呼吸系统能有效控制昆虫体内水分的流失，也有利于昆虫飞行时减轻自身重力。因此，大多数陆栖昆虫都依靠这种方式进行呼吸。

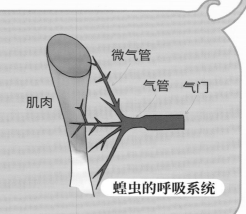

微气管
气管 气门
肌肉

蝗虫的呼吸系统

一些水栖的昆虫幼虫

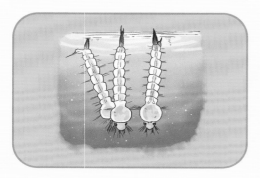

蚊子的幼虫

蚊子幼虫的尾部末端有一根"呼吸管"，能够伸到水面之上进行呼吸。

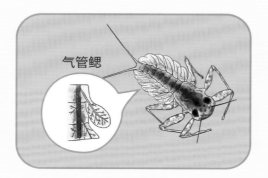

气管鳃

蜉蝣的稚虫

蜉蝣幼虫拥有"气管鳃"，是一种中空、壁薄的丝状或片状结构，能抽取水中氧气进行呼吸。

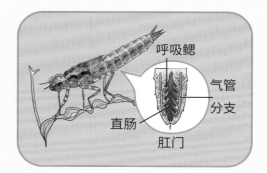

呼吸鳃
气管分支
直肠
肛门

蜻蜓的稚虫

蜻蜓幼虫拥有"直肠鳃"，能将吸进体内的水进行过滤，从中抽取氧气。

进食 百态虫生

蝗虫的咀嚼式口器

拥有咀嚼式口器的昆虫会直接啃咬、咀嚼食物。这种口器有一对大颚和一对小颚，与其他拥有上下两瓣嘴的动物不同，咀嚼式口器是分为左右两瓣的。

颚：某些节肢动物摄取食物的器官。

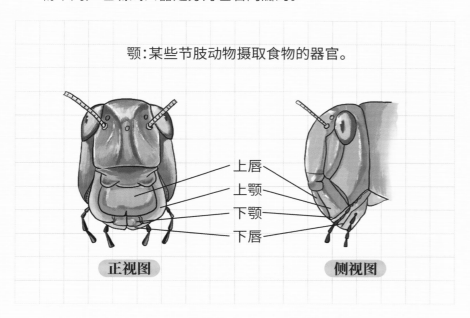

上唇
上颚
下颚
下唇

正视图　　　　　　侧视图

咔呲！咔呲！

拥有咀嚼式口器的天牛甚至可以轻易咬碎坚硬的树皮。

蝴蝶的虹吸式口器

虹吸式口器好像一根软管，鳞翅目的蝶、蛾等进食时，会将口器伸展开来，深入花朵底部吸食花蜜，不进食时便卷起来。

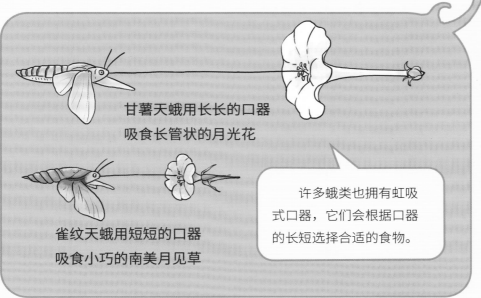

甘薯天蛾用长长的口器吸食长管状的月光花

雀纹天蛾用短短的口器吸食小巧的南美月见草

许多蛾类也拥有虹吸式口器，它们会根据口器的长短选择合适的食物。

蜜蜂的嚼吸式口器

拥有嚼吸式口器的昆虫以蜂类为主，它们既有能吸食花蜜的"吸管"，也有能咀嚼花粉、制作蜂蜡的上颚，兼并咀嚼和吸食两种功能。

蝇的舐吸式口器

舐吸式口器最大的特点是下唇末端长有像海绵一样的唇瓣，方便蝇类等昆虫舐吸食物。

蝇类昆虫除了舐吸食物，还能用唾液将稍硬一些的食物溶解后再吃。

蚊的刺吸式口器

顾名思义，拥有刺吸式口器的昆虫，长有一根如同针管的口器，这种口器不能吃固体食物，只能通过刺入的方式吸取汁液。除了臭名昭著、吸食血液的蚊子外，常见的蝉、蝽等昆虫也拥有这种口器，只不过它们的食物是树汁。

捕食

在昆虫的世界里，到处潜藏着可怕的杀手，它们有着独特的"必杀技"，能够一招毙敌，如果没点儿真本事可别想在昆虫界混……但是，不论你多厉害，都要时刻保持警惕，因为上一秒你是捕猎者，下一秒你就可能成为别人的美食。

毒针猎手——黑粗尾蝎 (非昆虫，蛛形纲)

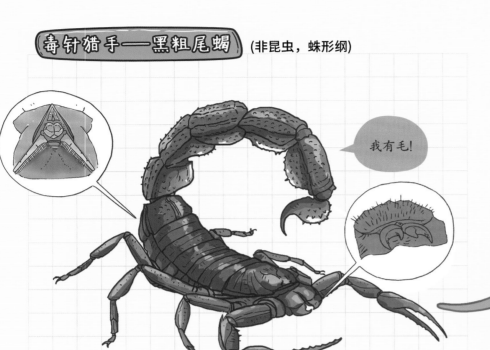

我有毛!

黑粗尾蝎有 8 只眼睛，但依旧视力很差，仅能看到10厘米远的东西，而且没有耳朵。那蝎子是怎么捕猎的呢？

靠的是满身的听毛，这种听毛十分灵敏，能感知空气中极其微弱的震动，探测 1 米范围内猎物的活动。

蝎子是夜行者，主要猎物是蜘蛛、蟋蟀、蟑螂、蝗虫等等，有时候还会把同类当大餐。

当猎物被麻醉或者被毒死后，蝎子便用一对锋利的螯肢将猎物撕开，然后送入口中享用。

一旦定位到猎物，蝎子就会用前面的两个触肢（大夹子）夹住对方。

然后尾部的毒针刺入猎物体内，释放毒液，蝎子分泌的神经毒素足以让猎物丧命。

天罗地网——撒网蛛 (非昆虫，蛛形纲)

大餐来了!

嘿嘿!

罩住!

撒网蛛有些特别，它是把"织"好的网拿在"手"里，一旦有猎物靠近，它就迅速撑开蛛网，将其罩住，随即注入毒液，这样大餐就到手了。

这个杀手"未成年"——水虿

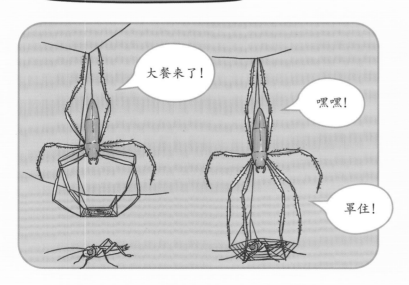

水虿是蜻蜓的稚虫，它生活在水中，以捕食小鱼、蝌蚪等小型水生生物为食。水虿的口器十分特殊，长长的下颚平时折叠在头部下方，准备捕食时，就迅速弹出咬住猎物。

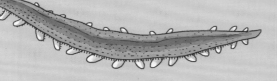

黏液捕手——天鹅绒虫 (非昆虫，有爪动物门)

天鹅绒虫又叫栉蚕，夜间出来猎食，它总是慢悠悠的，每秒爬行不过5厘米，虽然看起来笨笨的，但它却有一项"必杀技"！

当天鹅绒虫准备捕食时，它头部的"口乳突"会瞬间弹出，并向猎物喷射黏液。这种黏液一遇到空气就开始挥发水分，猎物挣扎得越剧烈，周身空气的流动速度就越快，黏液也就越来越黏，直到猎物被牢牢捆住。这时，"慢性子"的天鹅绒虫才会悠闲地爬到猎物身边，开始享受美味。

黄沙陷阱——蚁狮

蚁蛉的幼虫叫蚁狮，它们会构筑沙坑陷阱，自己埋伏在坑底。当蚂蚁等猎物陷入，它就拼命摆动头部，搅动沙子快速滑落，猎物就会滑到它们嘴边。

"镰刀联盟"——中华大刀螳、尖唇螳水蝇、日本螳蛉、中华螳蝎蝽

设想你是一只昆虫，为了在残酷的自然界生存下去，你会选择什么方式自保呢？看看下面这些聪明的昆虫吧，它们虽然在模样上大相径庭，但却不约而同地选择了一种既能防身又能主动出击的法宝——"镰刀"。

螳蛉平时会将"镰刀"蜷缩起来，让对方误以为它没什么威慑力，但要是因此就掉以轻心，大摇大摆地从它身边走过，可就要大难临头啦！

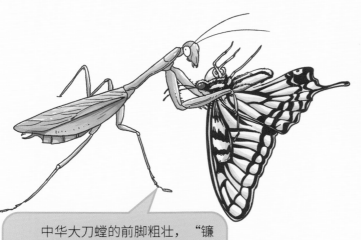

中华大刀螳的前脚粗壮，"镰刀"内侧长有锋利的倒刺，这能有效地"扣"住猎物，防止猎物逃脱。

尖唇螳水蝇体形虽小，但它长有"镰刀"的前足却不可小觑，它能在飞行时"稳、准、狠"地直击猎物要害。

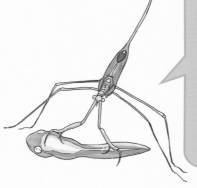

你以为死神的镰刀只会收割陆地上的倒霉鬼吗？这就大错特错了……中华螳蝎蝽在水下使用的"镰刀绝技"也是出了名的凶狠，它甚至常常猎捕比它身体大3倍的小鱼作为食物。

百态虫生 飞行

很多昆虫都善于飞行，它们捕食、避敌、迁飞等都少不了翅膀的助力。大多数飞行昆虫一般有两对翅膀，不同种类的昆虫，翅膀的形态与作用也大不相同。

鳞翅目飞行昆虫

两对翅，一般为膜质，被颜色艳丽的鳞毛、鳞片覆盖，形成好看的花纹。

鞘翅目飞行昆虫

两对翅，前翅一般呈角质化，像个硬硬的外壳，保护着昆虫的后翅以及身体；后翅为膜质，不飞行时会折叠起来，藏在前翅下面。

膜翅目飞行昆虫

两对翅，一般都为膜质，前翅明显大于后翅。

直翅目飞行昆虫

两对翅，前翅一般为狭长、富有韧性的革质，整体覆盖在体背，所以也被称为覆翅；后翅为膜质，不飞行的时候，也会竖着折叠起来藏在前翅下面，就像折扇一样。

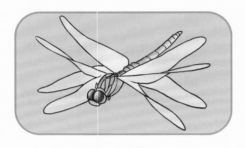

蜻蜓目

蜻蜓的四片翅膀能分别扇动，因此十分敏捷，甚至可以通过调整角度与频率在空中停留。

鳞翅目

蛾的前翅和后翅能一起扇动，身体会随之上下浮动前行。

不同的飞行方式

鞘翅目

①起飞前先将前翅打开。

②先后张开前翅与后翅。

③起飞后，伸开足保持平衡，前翅无法扇动，飞行动力仅靠后翅扇动提供。

④着陆后，把后翅折叠起来收在坚硬的前翅下面。

特殊的飞行翅膀——棒翅

棒翅又称为平衡棒，外形很像一根小棒槌，是蚊、蝇等一些双翅目昆虫的后翅退化而来的，在飞行时，能起到平衡身体的作用。

平衡棒

平衡棒

棒翅非常迷你，对称分布在蚊、蝇身体的两侧，所以乍看之下，它们似乎都只有一对翅膀。

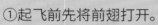

试想一下，如果我们拥有一对科幻片里的机械手臂，似乎是件很酷的事？说出来你可能不信，昆虫就拥有神通广大的机械手臂哦！它们为了适应生存环境，以及自身的生活习惯，将足进化出了许许多多不同的形态，为它们日常捕食、行进，甚至伪装，都提供了极大的便利。那么，昆虫究竟有哪些神通广大的足呢？一起来看看吧！

足

百态虫生

蜜蜂的携粉足

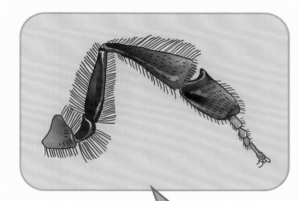

后足多毛，便于花粉的粘连，能让小蜜蜂一次多带些花粉回家。

蝗虫的步行足、跳跃足

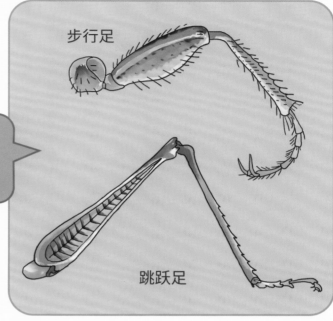

步行足

跳跃足

前、中足为典型的步行足，后足腿节发达，为跳跃足。

龙虱的抱握足

雄性龙虱拥有这种十分便于抱握、吸附的足，用于在交配时吸附在雌虫背上。

蝼蛄的开掘足

前足为开掘足，有坚硬的齿，是刨土的一把好手。

螳螂的捕捉足

前足发达，可以像折叠刀一样弯折，紧紧夹住猎物。

龙虱的游泳足

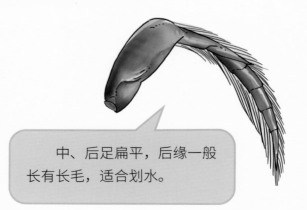

中、后足扁平，后缘一般长有长毛，适合划水。

百态虫生 **感觉器**

人类感受风吹、日晒，品尝甜味、苦味，都依靠身体的感觉器官来完成。虽然与人类有所差别，但大部分虫虫也同样拥有复杂的感觉器，能敏锐地感受外界的机械、化学、视觉等刺激。

机械感觉器

这种感觉器能感觉到空气和固体振动产生的压力变化。例如，毛毛虫周身长满的刚毛，属于其中的毛状感觉器，主管触觉。蟋蟀、夜蛾等昆虫拥有的鼓膜器，属于一种特化的机械感觉器，主管听觉。

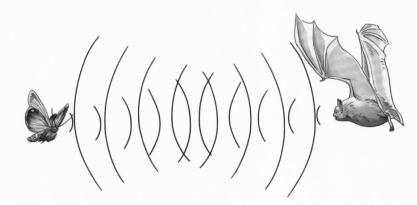

> 蟋蟀的鼓膜器在前足上，相当于耳朵长在了腿上，真是古怪又神奇。

> 夜蛾的鼓膜器能感觉到蝙蝠发出的超声脉冲，为自己留出宝贵的逃生时间。

毛状感觉器

鼓膜器

化学感觉器

这种感觉器能感受味觉和嗅觉，像蚂蚁的触角上、蝴蝶的足上、蜘蛛（非昆虫）的口器中等等，都拥有化学感受器。

哈氏器

> 蜱虫一共有4对足，靠近头部的第一对足上有一种特殊的化学感觉器叫作"哈氏器"。

> 蜱虫（非昆虫）是一种常见的害虫，它们喜欢寄生在哺乳类、鸟类、爬行类动物身上，靠吸食血液为生，极易传播病毒。

平时，它们会用后面三对足抓握植物、毛发等等，而第一对足则像触角一样腾空挥舞，搜寻空气中哺乳动物等寄主的气味，一旦有合适的寄主靠近，它们便毫不犹豫地攀爬上去，入住食物充足的"新家"。

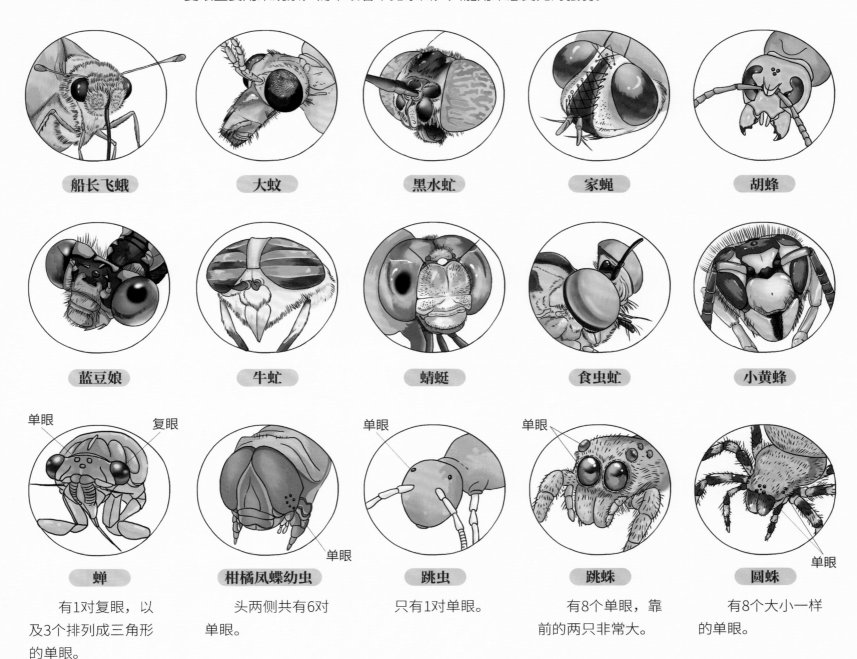

视觉器官 虫虫的视觉器官，也就是它们的眼睛，看起来形态各异，但总体只分为两种——复眼和单眼。复眼主要用来观察，而单眼看不见东西，只能用来感受光的强弱。

船长飞蛾　　大蚊　　黑水虻　　家蝇　　胡蜂

蓝豆娘　　牛虻　　蜻蜓　　食虫虻　　小黄蜂

蝉
单眼　复眼
有1对复眼，以及3个排列成三角形的单眼。

柑橘凤蝶幼虫
单眼
头两侧共有6对单眼。

跳虫
单眼
只有1对单眼。

跳蛛
单眼
有8个单眼，靠前的两只非常大。

圆蛛
单眼
有8个大小一样的单眼。

复眼的视力很差，一般只能辨别近处的物体，但对于运动的物体十分敏感。比如螳螂捕食小飞虫时出手"稳、准、狠"，可把一只不会动的小虫放在它嘴边，它根本不闻不问。

国外就有艺术家专门制作了这样一面"复眼"相框，通过一个个有弧度的玻璃透镜观察周围，我们可以亲身体验一把拥有复眼的感觉！

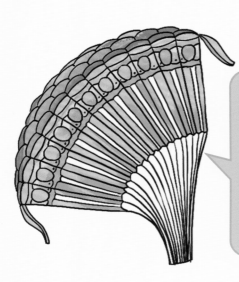

复眼一般由几千到几万个不等的小眼组成，每个小眼只能接收物体的一个光点，这样视角下的世界就好像是许多光点拼接起来，形成的一个"镶嵌"的影像。

昆虫的变态

百态虫生

昆虫刚出生的时候，大都是一颗小小的卵，长大后，它们有的长出了美丽的翅膀，有的给自己装备了一对霸气的大颚，有的甚至把自己伪装成了一片树叶……怎么看都和小时候的模样大不相同！那么昆虫宝宝究竟是如何长大的呢？它们成长的方式都一样吗？

不完全变态之渐变态——蟋蟀

不完全变态的昆虫，只经历卵、若虫、成虫3个发育阶段，之后每蜕一次皮，就会增加一龄。比如有些蟋蟀羽化前要蜕9次皮，第9次蜕皮的蟋蟀就叫作9龄虫或终龄虫（因为是最后一次蜕皮）。不完全变态的昆虫不经历化蛹阶段，它们在一次次蜕皮中逐渐改变形态，直到由终龄虫羽化为成虫。

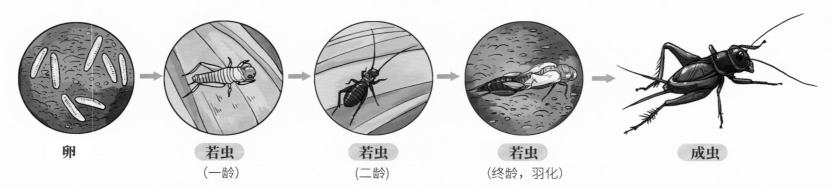

卵 　　　若虫（一龄）　　　若虫（二龄）　　　若虫（终龄，羽化）　　　成虫

完全变态——锹形虫

大多种类的昆虫都会经历完全变态的发育过程。完全变态必定要经历卵、幼虫、蛹、成虫4个阶段。

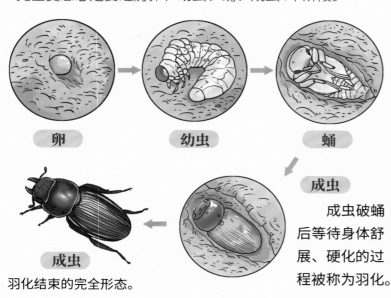

卵 　　　幼虫 　　　蛹

成虫

成虫破蛹后等待身体舒展、硬化的过程被称为羽化。

成虫

羽化结束的完全形态。

完全变态之复变态——芫菁

有些昆虫虽然也会经历4个阶段的完全变态，但它们在一些阶段上的身体变化却与常规的完全变态发育略有不同。这种成长类型属于完全变态发育中的复变态。

看来，昆虫宝宝想要长大成虫一共有两种方式，即完全变态发育或不完全变态发育。完全变态的昆虫，幼虫与成虫在形态、生活习性上都有着天差地别的变化，而不完全变态的昆虫，幼虫与成虫的模样则相差不多。

卵 　　　幼虫 　　　幼虫

身形细小足较长。　　　身形肥大足短小。

成虫 　　　蛹 　　　蛹

身体形态发生改变。　　　由于幼虫在蛹中越冬等原因，身体仅硬化，但形态暂不发生改变。

不完全变态之表变态——衣鱼

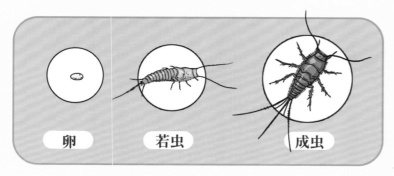

卵 　　　若虫 　　　成虫

衣鱼从破卵起就长得和成虫一样，只不过体型要小很多，此后经历蜕皮仅仅是身体长大，各类器官逐渐成熟，以及附肢的节数发生改变。

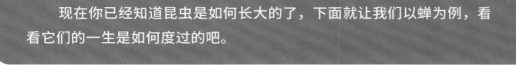

现在你已经知道昆虫是如何长大的了，下面就让我们以蝉为例，看看它们的一生是如何度过的吧。

蝉的一生
百态虫生

美洲有一种蝉，能在地底潜伏17年，它们也因此得名"十七年蝉"。

成功羽化的蝉会在树上觅食、寻找配偶、繁衍后代，待到秋季到来，它们的一生便要画上句号了。

身体逐渐脱出，腹部露出来了，此时看上去像在倒立

身体完全脱出

雌蝉通常在6月将卵产在树枝、树干的缝隙里，蝉宝宝孵化后只有米粒大小，它们或是被风吹到地面上，或是自己爬下来，最终都会扭动着小小的身体刨土，钻到土壤下。

若虫背上先显现出一条小裂缝，随后裂缝变大，成虫的头先探出来，身体紧随其后慢慢脱出

等待翅膀变干、身体变硬

昆虫在羽化时必须全神贯注，此时它们的身体柔软，也不能分神对抗外界的威胁。但对于鸟类、食虫动物来说，这样鲜嫩的美食可不能错过，很多昆虫没来得及完成羽化就成了盘中餐。

死去的蝉会跌落到地面，成为蚂蚁等小昆虫的"冬粮"储备。

成虫离开后，留下的空壳叫作蝉蜕，在中医里，黑蚱蝉的蝉蜕可以入药。一些非物质文化遗产中，蝉蜕还是"毛猴"这种工艺品的制作原材料。

蝉的若虫在地底可以生活很长时间，根据种类的不同，有些潜伏3年，有些潜伏5年，有些则更多。若虫在地底经历数次蜕皮，直到长成终龄虫，它们会重新钻出土壤，爬回树上等待羽化。

蝉属于不完全变态发育的昆虫，它们的若虫潜伏在地底，靠吸食树根中的汁液为生。

小个头有大脾气

百态虫生

昆虫虽小，可它们的脾气却一点儿也不小。为了保护自己，它们想出了各种各样的办法，贸然靠近它们可是会吃大亏的哦！

喷射毒雾

屁步甲

屁步甲受到惊吓，或者遭遇捕食者时，能从尾部的臭腺释放出一种有毒雾气。这种毒雾温度极高，不慎接触能够烫伤皮肤。虽然烫伤后的痕迹几天后就可以褪去，对健康也没有非常大的影响，但最初接触的那一下，一定不会有人想体验。

释放臭气

一些昆虫身陷危机时，能通过身体的不同器官释放臭气。比如柑橘凤蝶幼虫受到惊吓时，头部与身体连接处能伸出一条"Y"型的臭丫腺，释放出一种特殊的味道，虽不至于臭，却也足够劝退掠食者了。还有学者认为，这条可以伸缩的臭丫腺很可能也是一种拟态，是幼虫在模仿蛇吐信，从而起到对掠食者的恐吓作用。

柑橘凤蝶的幼虫

茶翅蝽

攻击性武器

在亚马孙的热带雨林中，有一种令人闻风丧胆的蚂蚁。它们的体型是普通蚂蚁的好几倍，头上一对强有力的大颚甚至能够捕食小型青蛙，腹部也长有一根带毒的尾针。被子弹蚁咬到的疼痛感，就像直接被子弹击中，是正常人难以忍受的疼痛，它们也因此得名。

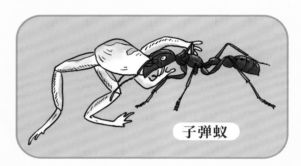

子弹蚁

蝽科的一些昆虫，在后足根部附近有臭腺开口，遇敌时也能释放臭气自保。

防身性武器

盗毒蛾幼虫

绿刺蛾幼虫

很多毒蛾的幼虫，周身裹满长长的刚毛，俗称"毛毛虫"。这些用来保护自己的刚毛往往含有毒素，不小心触碰到了就会奇痒难耐或红肿疼痛。

伤敌一千自损八百

蜜蜂的尾针连着体内的毒囊，被蜇后，轻微可致红肿疼痛，严重可致命。不过，蜜蜂使用尾针需要付出极大的代价——它们的生命，因为它们的尾针上长有倒刺，一旦插入皮肤内就不能拔出，猛然飞走会将体内的毒囊与部分内脏一起拉出，蜜蜂使用尾针后便也命不久矣了。

装死

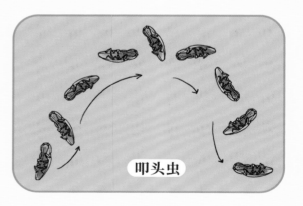

叩头虫

叩头虫是一种非常警惕的昆虫，一旦感到威胁，它们就会仰面倒在地上，腿紧紧地贴在身体两侧，发出"咔"的一声，将身体弹入空中，逃之夭夭。如果跑不掉，它就会倒地装死一动不动，等逮到时机，再次一跃而起逃跑。这种行为虽然没有什么攻击性，但……会让敌方吓一大跳！

蝶与蛾个头差不多大，都长着小脑袋和两对大翅膀，喜欢在花丛中飞来飞去，看起来就像是一对双胞胎，它们同属昆虫纲下的鳞翅目，然而又被细分为不同的亚目。

最小的蝶与最大的蛾

乌桕大蚕蛾是世界上体形最大的蛾，翅展可达18～21厘米。

白缘翅小灰蝶是世界上最小的蝴蝶之一，微小的翅展约1.5厘米。

最大的蛾　　　　**最小的蝴蝶**

蝶与蛾的区别

看活动时间

蝴蝶多在白天活动。

蛾子多在晚上活动。

看休憩形态

蝶类休息时，往往翅膀合拢，竖立着。

蛾类休息时，往往翅膀折叠，覆盖在身体上。

看触角

蝶类的触角呈棒状，像对小鼓槌。

蛾类的触角呈栉状或羽毛状。

看身材和颜色

蝶类身体修长、纤细，蛾类肥硕、胖大。此外，大多数蝶类颜色非常艳丽，蛾类则显得朴素灰暗。

绿带翠凤蝶

亚洲大木蚕蛾

看蛹

蝶与蛾都属于完全变态昆虫，都有化蛹这一阶段，但蝶蛹外没有茧，蛾蛹却会被茧包裹。

蛾化蛹前会先吐丝作茧，把自己裹起来之后在茧里化蛹。蚕蛾就是我们最为熟悉的一种蛾类，它们作茧用的蚕丝也就是我们的丝绸原料啦！

大蓝闪蝶的蛹看起来像是一颗美丽的宝石。

猫头鹰蝶的蛹像一片枯叶。

看习性

蛾类往往有追光的习性，当有光源、火源时，它们不容分辨，就会奋不顾身地飞过去，如果刚好遇见的是火……这些小家伙的生命便要走到头了。"飞蛾扑火"的成语形容的就是蛾类的这种习性。

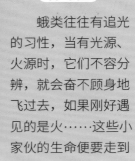

以假乱真的 伪装大师

百态虫生

小小的昆虫身上也有令人惊叹的大智慧，在漫长的进化过程中，它们学会用"拟态"这种方式来模仿周围的动植物。这种方式不但让它们成为出色的小猎手，也常常可以吓跑比自己大得多的动物，下面就来欣赏一下这些小演员令人惊叹的表演吧！

兰花螳螂守株待兔

我是一朵花，快到我碗里来！

兰花螳螂是美丽的猎手，它们不但将自己的模样伪装成美丽的兰花，还要学花朵随风摇的样子，吸引喜欢花蜜的猎物前来。

枯叶螳螂

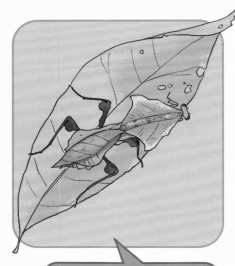

我敢保证，走在满是落叶的森林里，你一定发现不了它！

尺蛾幼虫

啊！我被树枝挂住了！

嘿嘿，你还会被树枝吃掉呢！

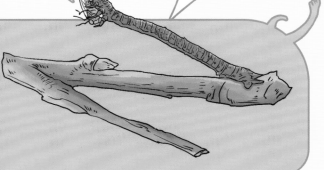

南美有种能捕食苍蝇的尺蛾幼虫，它们把自己伪装成树枝，同时还会散发一种苍蝇喜欢的味道。

钩线青尺蛾幼虫

咦？这里怎么有一只8条腿的蚂蚁？原来是蚂蚁群中混入了蚁蛛！蚁蛛是优秀的间谍，擅长潜入敌人内部捕食。

这株植物上藏着一只钩线青尺蛾的幼虫，你发现它了吗？

蚁蛛

日本象天牛

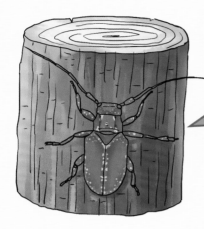

酷似树皮的日本象天牛。

竹节虫

虫在哪里？我怎么没发现？

黑斑双尾蛾

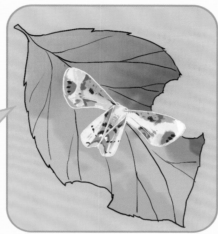

只要不让敌人认为自己是食物就行，黑斑双尾蛾决心化作鸟屎！

宽纹黑脉绡蝶

把自己变透明就可以蒙蔽敌人的眼睛，宽纹黑脉绡蝶仿佛长了一对"玻璃"翅膀。

眼蝶

眼蝶类的蝴蝶翅膀上常常有像鸟类一样的大眼睛花纹，以此迷惑、吓退捕食者。

枯叶蝶

绝对可以以假乱真的枯叶蝶。

金斑蝶、金斑蛱蝶

我有毒！

金斑蝶

左边树枝上有一只金斑蝶，右边有一只金斑蛱蝶。狡猾的金斑蛱蝶把自己伪装成有毒的金斑蝶，让捕食者认为自己并不好吃。

金斑蛱蝶

73

可恶的 害虫

百态虫生

昆虫的种群庞大，遍布世界各地。这其中有不少昆虫以植物为食，还有许多昆虫会传播疾病，我们将这些对人类有害的昆虫称之为害虫。

蝗虫

蝗虫是我们最熟悉的害虫之一，当它过度繁殖时会形成铺天盖地的蝗虫群，被称之为"蝗灾"。它们所过之处寸草不留，非常可怕。

苍蝇

喜好腐食的苍蝇同样携带大量病菌。更可怕的是，有些蝇类还有寄生习性，或吸食人和家畜身上的血液。

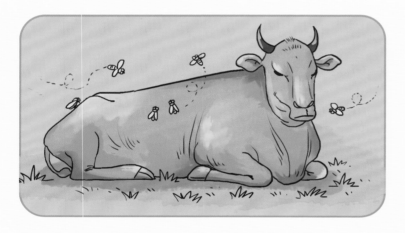

蟑螂

蟑螂油性的表面会携带病菌，并且它有进食时同时排便的习惯，是厨房中最令人厌恶的害虫。

二十八星瓢虫

瓢虫类的昆虫大多数都是害虫，比如二十八星瓢虫喜欢吃茄子和马铃薯的叶子，是危害农作物的害虫。但有一种瓢虫捕食蚜虫，是保护农作物的好瓢虫，它就是七星瓢虫！

我有七星，我是益虫。

我星星多，我是害虫。

美国白蛾成虫

美国白蛾幼虫

美国白蛾

美国白蛾是世界性的害虫，曾一度在我国泛滥。它繁殖能力强，幼虫喜欢暴饮暴食阔叶植物。

米象

米

草履蚧

草履蚧这类蚧壳虫也是常见的害虫，它们的幼虫喜欢吮吸植物的汁液，影响植物生长。它们喜欢群居，成灾时可能覆盖整个树干。

米象是象鼻虫的一种，它们体型极小，喜欢蛀食存储的粮食，所以也是害虫。

蝼蛄

有些害虫像蝼蛄这样躲在地下悄悄啃食植物的根。

各种各样的蜘蛛

百态虫生

蜘蛛属于陆生节肢动物中的蛛形纲，这是一个非常庞大的家族，自然界中，已知的蜘蛛种类就超过了5万种，还有新的种类在被不断发现。

蜘蛛是如何结出大网的

蜘蛛能分泌一种黏性很强的液体，通过腹部末端突起的"吐丝器"分泌出来，变成一根根细丝。蜘蛛的足就像人类的手指一样灵巧，但如果蛛网面积很大，结构又复杂的话，结一张网可能会用去蜘蛛一个小时的时间。

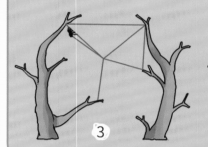

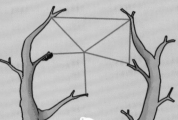

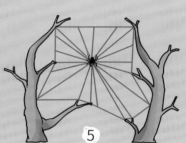

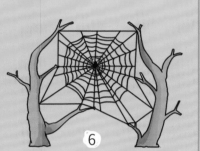

常见的蜘蛛网

不同蜘蛛分泌的丝线黏液也不同，所以也会结出不同的网。但相同的是，每当一只小虫子撞到网上，蜘蛛就快速地爬过去将它抓住，并用丝线将猎物牢牢地缠起来。

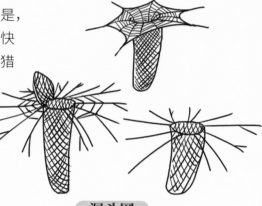

漏斗网

并非所有的蜘蛛都用网捕捉猎物，在南美洲的热带森林里，就有一种靠"钓虫"捕食的蜘蛛。这种蜘蛛用蛛丝做成"鱼饵"，悬在空中，荡来荡去引诱昆虫。昆虫一旦被"鱼饵"上的黏液粘住就无法逃脱啦。

圆网

不规则网

为什么蜘蛛可以在网上行走，而其他昆虫却会被粘住？

蜘蛛还能分泌出一种油质，附着在自己的足上，所以才能在蛛网上行走自如，而别的虫子却会被丝粘住。

蜘蛛的捕食过程

昆虫触网时会用力挣扎，蛛网就会随之震动，提醒蜘蛛猎物上门了。蜘蛛顺着蛛网向猎物爬去，并用蛛丝将猎物包裹，随后把螯肢内的毒液注入猎物体内，将猎物体内的组织分解为液汁后吸食。最后，蛛网上只会留下猎物的躯壳。

各种各样的蜘蛛

这种蜘蛛没有大多数蜘蛛那种肥胖的大肚子，它们的身材细长，长着极为纤细的足。

一只雌性始状蚓蛛正在照料卵囊中的小宝宝。

始状蚓蛛

银板蛛

银板蛛也被称为"亮片"蜘蛛。它们的肚子像是镶满了无数的钻石，看起来闪闪发亮。

瓢蛛，看起来像极了瓢虫，也像美丽的毒蘑菇。这样美丽的外表是提醒捕食者，我不好吃，我有毒。

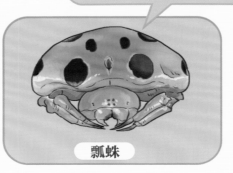

瓢蛛

菱腹蛛也被称为"鸟粪蛛"，因为它们的外形看起来就像是鸟粪。

菱腹蛛

别惹我，我的大角可不是吃素的。

弓长棘蛛

弓长棘蛛长着类似公牛的一对触角，这让它们看起来威风凛凛。

节肢动物 与人类
百态虫生

在我们赖以生存的地球上，节肢动物几乎无处不在，它们或直接或间接的生活方式与痕迹，也在方方面面影响着人类，可以说，节肢动物是人类生活中不可缺少的一部分。

白蚁是朽木和落叶的主要分解者。

在沙漠和热带，蚂蚁代替蚯蚓，成为疏松土壤的主要动物。

动物死去的尸体容易滋生病菌，蝇类幼虫和一些食腐甲虫能很快通过取食将腐肉分解。

一些水生昆虫的幼虫可以作为监测环境的指标。比如受到严重污染的水体，会滋生大量摇蚊幼虫，而石蛾的幼虫只有在清澈干净、含有充足溶解氧的水体中才能存活。

澳大利亚的牧场中，由于没有专门取食牛粪的甲虫，导致牛粪成灾，牧场面积缩小。

昆虫为许多开花植物授粉，这其中包括不少像果树、蔬菜、棉花这样的农作物。没有昆虫的帮助，人类将缺少丰富的营养来源。

许多昆虫自身就含有丰富的蛋白质，世界各国的餐桌上都能见到昆虫料理的身影。在一些不发达的地方，昆虫甚至能成为人们摄取蛋白质的主要来源。

虫虫们体形微小，与人类的交集却频繁密切，它们无所不在的栖息地和多种多样的生活方式，为人类带来了许多困扰，却也带来了数不尽的利益、启迪与乐趣。

许多昆虫都收录在中国的中医药宝库中，例如桑螵蛸（螳螂的卵鞘）、蝉蜕（黑蚱蝉的若虫羽化后留下的空壳）、蜂房（胡蜂的蜂巢）。

美味的蜂蜜和营养价值极高的蜂王浆，都是由蜜蜂产出的。

中国的丝绸享誉全世界，是人类文明瑰宝，而丝绸的原材料便是蚕蛾幼虫吐出的蚕丝。

美丽的昆虫往往是艺术家的灵感源泉。

食植性昆虫每年会破坏大量的粮食、果实、经济作物。蝗虫更是给一些地方带来了灾害性质的饥饿与疾病。

蜱虫传播森林脑炎、跳蚤传播鼠疫、蚊子传播疟疾等等，世界上有许多人因为昆虫染上顽疾或致死。

合理地防治害虫，维持生态平衡，让我们与这些神奇的小虫虫们和平共处，一起携手保护我们唯一的地球家园吧！

白蚁城堡

在广袤的非洲草原上，常能看到一种由锥状土堆砌起来的小土丘，它们拔地而起，与周围的环境不相融合，看起来孤零零的，不禁引人猜想，大自然为什么要生出这样奇怪的地貌呢？这个问题其实很简单，但您怕大自然回答不了，还得去问问这土丘的主人——白蚁。这些土丘其实是土栖型的白蚁用泥土筑起的高大"城堡"，一座城堡就相当于一个完整的小国家，里面有四通八达的道路，分工明确的各类白蚁公民。还有在蚁后统治下阶层层明明确。

蚁后

每个蚁巢中只能有一个蚁后，整个白蚁城堡中的成员都是由蚁后生下来的，也正因为这样，蚁后的体形与其他白蚁明显不同，一天就要生产数千枚卵的它，肚子看起来十分臃肿。

候补蚁后（有翅）

当蚁后出现意外或死亡，不能继续繁育后代时，如果蚁巢中有具备翅膀的幼蚁，则由其中一只发育成新的蚁后。

候补蚁后（无翅）

如果蚁巢尚未成熟，巢中还没有长翅幼蚁，则由其中一只雌性的工蚁发育成新的蚁后，在体形上，候补蚁后都比最初的蚁后要小。

中央通风管

小通风管

蚁王

蚁王是最早与蚁后一起"婚飞"来的，也是这座白蚁城堡最初的主人。蚁王一生都会陪伴在蚁后身边，共同繁育后代。

长翅幼蚁

当蚁巢规模发展到一定程度时，蚁后会生育出一类可以长出翅膀的幼蚁，它们长大后便会飞出城堡，通过"婚飞"结识从别的城堡中飞出来的长翅幼蚁，并以一雌一雄对对，重新寻找土地，建立属于自己的新城堡。

象鼻型兵蚁

一种没有生殖能力的雌蚁，头部特化出一个尖尖的额管，能从中喷出用于对抗敌人的黏液。

大颚型兵蚁

这种兵蚁的抗敌方式更直接，它们的大颚格外发达，是强而有力的武器。

工蚁

工蚁有雄性也有雌性，但都不具备生育能力，工蚁是城堡中数量最庞大、工作最繁忙的一类公民，负责筑巢、修路、采食、饲喂蚁后和蚁王，哺育幼蚁等工作。

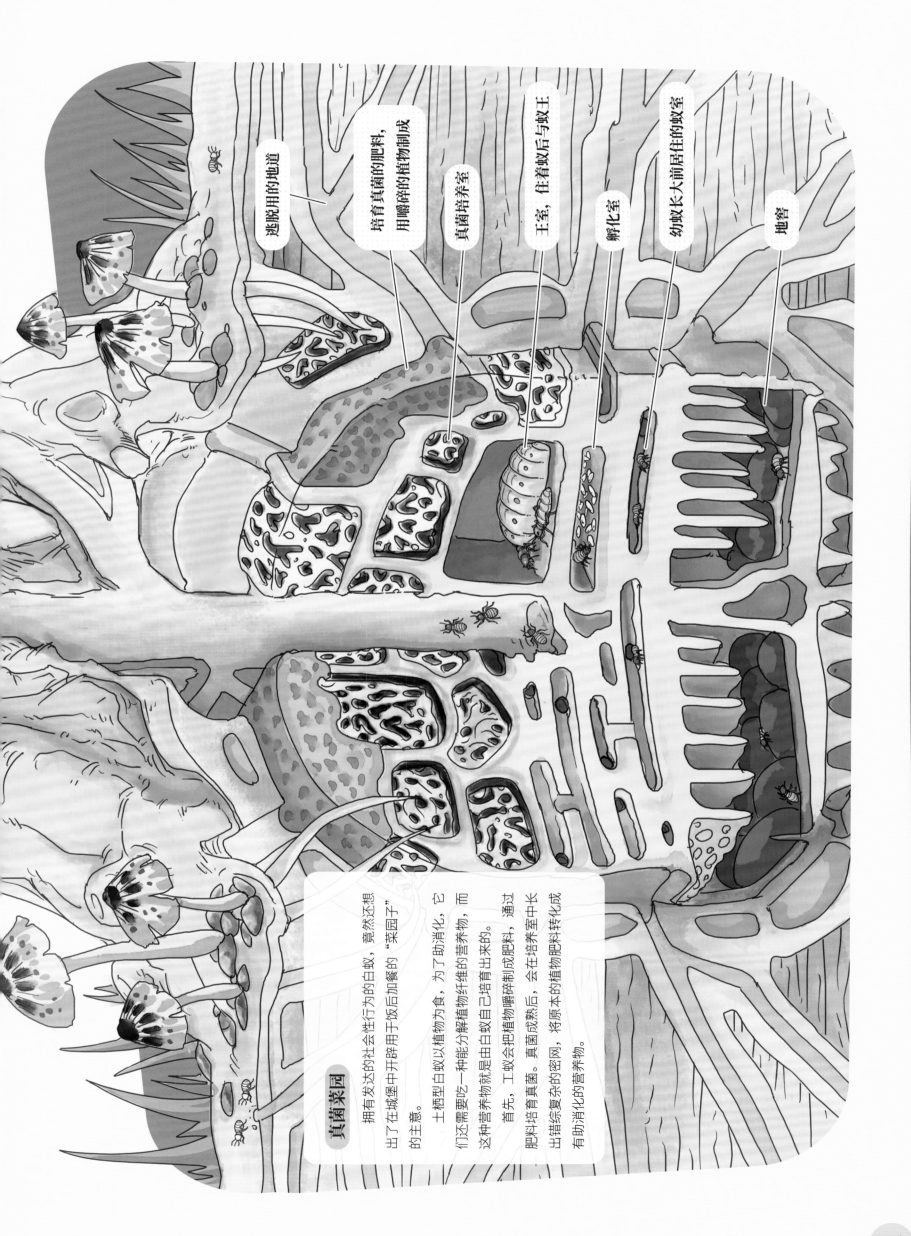

逃脱用的地道

培育真菌的肥料，用嚼碎的植物调制成

真菌培养室

王室，住着蚁后与蚁王

孵化室

幼蚁长大前居住的蚁室

地窖

真菌菜园

拥有发达的社会性行为的白蚁，竟然还想出了在城堡中开辟用于饭后加餐的"菜园子"的主意。

土栖型白蚁以植物为食，为了助消化，它们还需要吃一种能分解植物纤维的营养物，而这种营养物就是由白蚁自己培育出来的。

首先，工蚁会把植物嚼碎制成肥料，通过肥料培育真菌。真菌成熟后，会在培养室中长出错综复杂的密网，将原本的植物肥料转化成有助消化的营养物。

蜜蜂公寓

如果说白蚁的巢穴是一座城堡的话，那蜜蜂的巢就像是一栋公寓大楼！在这栋公寓中，有着一间间排列整齐的六边形巢室，工蜂们忙碌其间，有的照顾巢室中未成年的幼蜂，有的则来往于花田与蜂巢之间，向巢室中储存蜂蜜、花粉。

一座蜂巢内主要有三种不同等级的蜜蜂，即蜂后、雄蜂、工蜂，与白蚁类似的是，完善的等级分工使蜜蜂王国的日常生活井然有序。聪明的小蜜蜂甚至在亿万年的进化中不断摸索，创造出了一套属于自己的"语言"——蜂舞。

🐝 幼虫

工蜂与雄蜂的幼虫住在普通的六边形巢室里，刚刚破卵而出时会吃几天蜂王浆，之后一直吃蜂蜜、花粉直到变为成虫。

蜂后的幼虫待遇就比较高了，它们的巢室一般在整个巢脾的最下面，形状像一颗特大号的花生，它们一生的食物都是珍贵的蜂王浆。

🐝 雄蜂

顾名思义，雄蜂就是蜂群中的雄性群体，与蜂后一起生育后代。雄蜂的体型比工蜂大一些，可数量上却远远少于工蜂。雄蜂一生命运并不太好，一些身强体壮的雄蜂，在激烈的竞争过后能成功与蜂后交配，可它们会很快死去。那些始终没能赢得交配机会的雄蜂，会在冬天到来前，因为食物短缺而被不愿意喂养它们的工蜂赶出蜂群，最终因为饥饿和寒冷死去。

🐝 王台

孕育蜂后的巢室。一个蜂巢中不一定只有一个王台，当多个蜂后出现时，最初羽化的蜂后便会率先杀死其他候选人。如果刚好有两只蜂后同时羽化成虫，则会展开王者之战，败者依然会付出生命的代价。

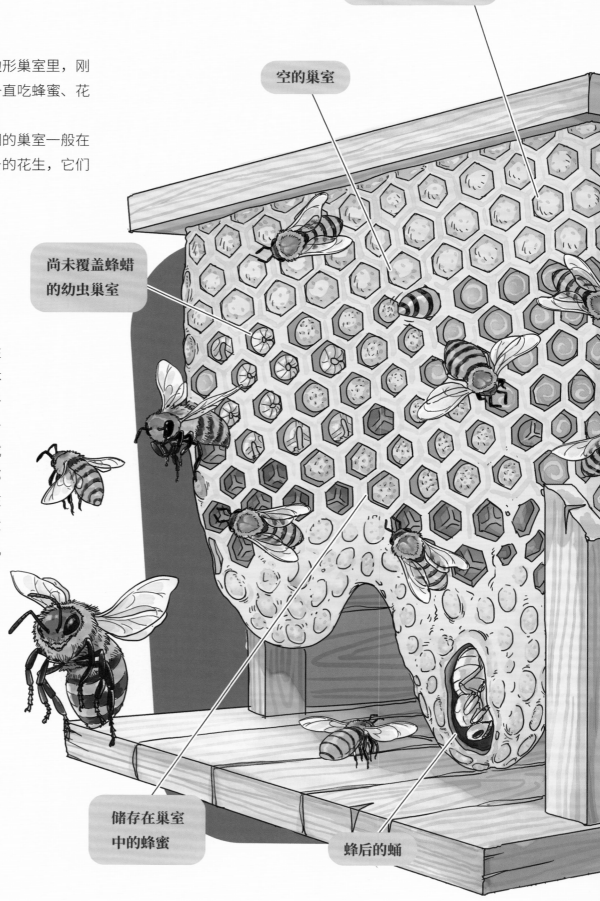

蜂粮
一种由工蜂制作的以花粉为主、蜂蜜为辅混合而成的蜂粮。

空的巢室

尚未覆盖蜂蜡的幼虫巢室

储存在巢室中的蜂蜜

蜂后的蛹

蜂舞

勤劳的小蜜蜂发现了一片蜜源充足的花田，它决定火速飞回蜂巢告诉大伙儿这个好消息！咦？等等，不会说话的小蜜蜂怎么把消息告诉其他同类呢？

生物学家曾对蜜蜂独有的一种"8字舞"进行过研究，当工蜂发现蜜源时，会先留下追踪信息，然后回巢报信。它们以蜂巢为圆心，将太阳的方向视作0度，蜜源在哪个方向，工蜂就在对应蜜源的角度上，以"8"字路线来回爬动，将蜜源的距离、方向等信息传递给同类。

如果蜜源在100米以内，则"8字舞"的轨迹接近圆形

食物较近时，快速地爬动

食物较远时，慢慢地爬动

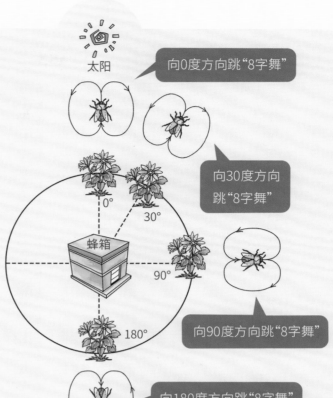

太阳

向0度方向跳"8字舞"

向30度方向跳"8字舞"

向90度方向跳"8字舞"

向180度方向跳"8字舞"

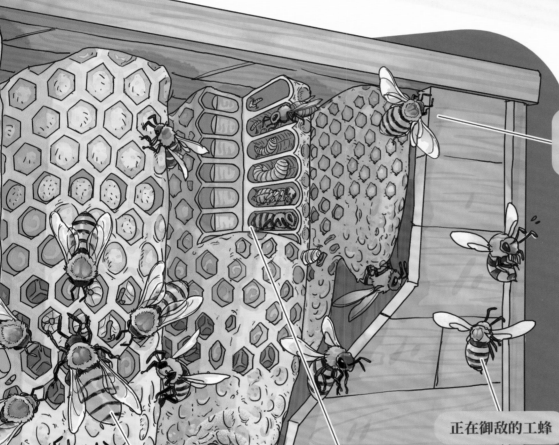

喂养蜂后的工蜂

蜂后

从蜂卵到成虫的变态过程

正在御敌的工蜂

正在向巢室中运送食物的工蜂

黄蜂入侵者

蜂后

整个蜂群一般只有一只蜂后，它和蚁后一样，一辈子最重要的任务就是生育后代，令整个蜂群壮大起来。一旦蜂群足够成熟，蜂后就会带领一部分蜜蜂飞走，另寻他处筑巢，这种现象被称为分蜂或分巢。

工蜂

蜂群中的大多数蜜蜂都是工蜂，它们虽然都是雌性，但并不能产卵。工蜂负责整个蜂群的日常运作，采蜜、筑巢、喂养幼虫都是它们的职责。

出发！去捉虫！

去野外捉虫，精良的装备必不可少！让我们来看看都需要准备哪些东西，它们又是怎样使用的吧！

户外望远镜
寻找远处的昆虫。

虫笼
盛放水栖昆虫或体形较大的昆虫。

震落网

捕虫网

水捞网
平的网口更利于捕捉水下昆虫。

厚实的线手套
捉具有锋利口器或前足的昆虫时，记得戴手套。

直尺
测量昆虫尺寸。

放大镜

塑胶长靴
在草地、泥地、小溪行走时的好帮手。

小铲子
翻找土下或朽木里的昆虫。

镊子

吸虫管
用来捉体形微小，不能用虫网捕捉的昆虫。

带气孔的塑料瓶
盛放小虫子。

铅笔

毒瓶
一种密闭的小玻璃瓶，里面装着浸满医用酒精（乙醇含量95%）的棉球。用来盛放做标本用的昆虫。

观察笔记
"好记性不如烂笔头"，把你的见闻一一记录下来吧。

大帽子
遮阳、挡雨，非常有用！在野外探险一定要防止晒伤。

相机
拍下昆虫最值得记录的瞬间吧。

手电筒

长衣长裤
防止蚊虫叮咬。

双肩背包
能装下你的全部装备，背着还省力气。

运动鞋
合脚、舒适的鞋，才能让冒险之旅走得更远。

1

水栖昆虫总爱躲在沙石、岩缝间，用水捞网搅动水底，再把它们一网打尽吧。

2

很多像金龟子、瓢虫这样的小甲虫，遇到危险时都习惯装死。用捕虫网轻轻晃动树枝，装死的小虫就会落到网里。

捕捉蝗虫、蟋蟀这样习惯在地上蹦蹦跳跳的昆虫时，可以把网兜拉高，留出弹跳空间，当网口盖住昆虫时，它们就会自己跳到网子里来啦。

3

捉蝴蝶、蜻蜓这样飞得很快的昆虫时，一定记住要准确、快速地挥网。昆虫落网后，要马上转动网杆，封住网口，以防昆虫逃走。

4

5

震落网其实就相当于一个大托盘，当我们摇晃树干或小树枝时，昆虫就会掉到震落网上。

6

隔网

把橡皮软管对准小虫，用嘴在另一头轻轻一吸，小虫就被吸进瓶子里啦！记住，与嘴接触的吸管底部一定要封好隔网（如图所示），以防小虫被吸进嘴里。

来吧！做标本！

你一定见过自然博物馆里陈列的昆虫标本吧？威武霸气的甲虫、五彩斑斓的凤蝶、小巧精致的蟋蟀……这些琳琅满目的昆虫标本都是怎样制作出来的呢？让我们一起来看看！

制作工具

珠针

标本制作过程中，用来固定、调整昆虫的位置、形态。

昆虫针（插针）

一种长的大头针，最终将昆虫固定在标本盒里时使用。

标本瓶

用来装需要浸泡的标本。

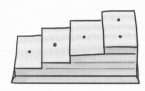

三级台

处理好的标本装入标本盒前，需要在平均台上调整到合适的高度，使同一盒中的标本高度基本一致。

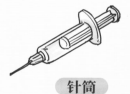

针筒

软化标本时使用，例如软化已经干燥了的蝴蝶标本时，向蝴蝶腹部注射热水。

尖头镊子

用来调整昆虫身体的细小部位。

扁头镊子

展翅时调整翅膀用。

浓度为95%的酒精

小型标本的浸泡液。

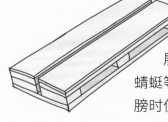

展翅板

展开蝶、蛾、蜻蜓等昆虫的翅膀时使用。

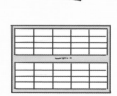

展足板

舒展甲虫、蝉、蚱蜢等昆虫的足时使用，可用泡沫板或硬纸板。

展翅条

用来固定翅膀的纸带，配合展翅板使用，可用蜡纸、白卡纸。

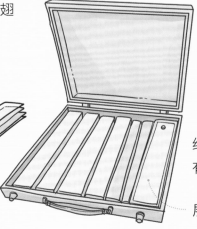

收纳盒

展翅板的配套收纳盒，里面一般还配有展翅条的收纳盒。

展翅条收纳盒

标签

用来记录标本采集地、采集日期、采集者等信息。

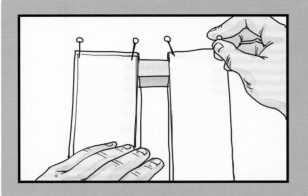

1 准备一个符合蝴蝶大小的展翅板，将展翅条用珠针固定在上面。

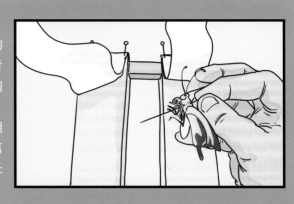

2 将昆虫针的针头对准蝴蝶背部，垂直刺入胸部正中的位置。调整高度，令蝴蝶大致处于距离针头三分之一长度的位置。

3 暂时将展翅条拨开，调整昆虫针的落脚点与蝴蝶身体的位置，将昆虫针垂直扎进展翅板的凹槽中。

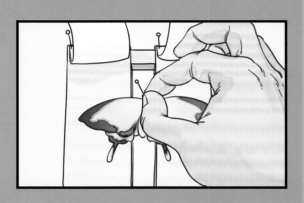

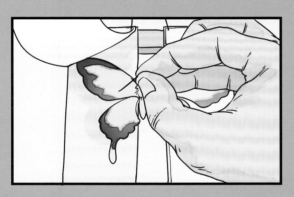

昆虫针

4 从侧面观察，确认昆虫针是否与展翅板垂直。

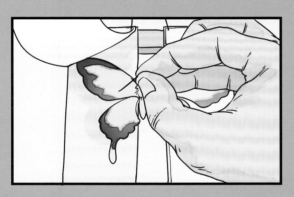

5 另取一根昆虫针，小心谨慎地拨动蝴蝶的前翅与后翅，调整至理想位置，动作一定要轻。

6 用展翅条覆盖调整好位置的翅膀，并用珠针固定展示条，注意不要扎到翅膀。

珠针固定

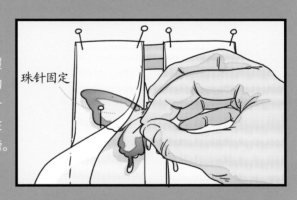

7 固定好展翅条后，整体检查前翅与后翅是否对称。

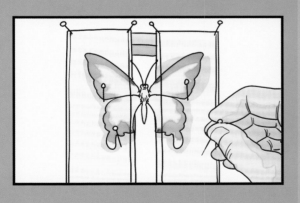

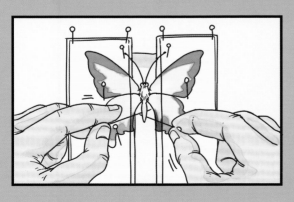

8 把蝴蝶的触角也小心地收进展翅条下面。

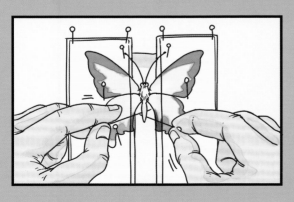

9 两根珠针交叉，托起蝴蝶腹部，调整到理想的位置后，将两个针头扎入展翅板中固定。

10 将记录了标本信息的标签固定在旁边。蝴蝶标本完成啦！2~4周后，标本完全晾干，移入装有干燥剂的标本盒中收藏。

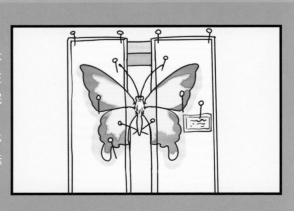

名词索引

名词索引

91

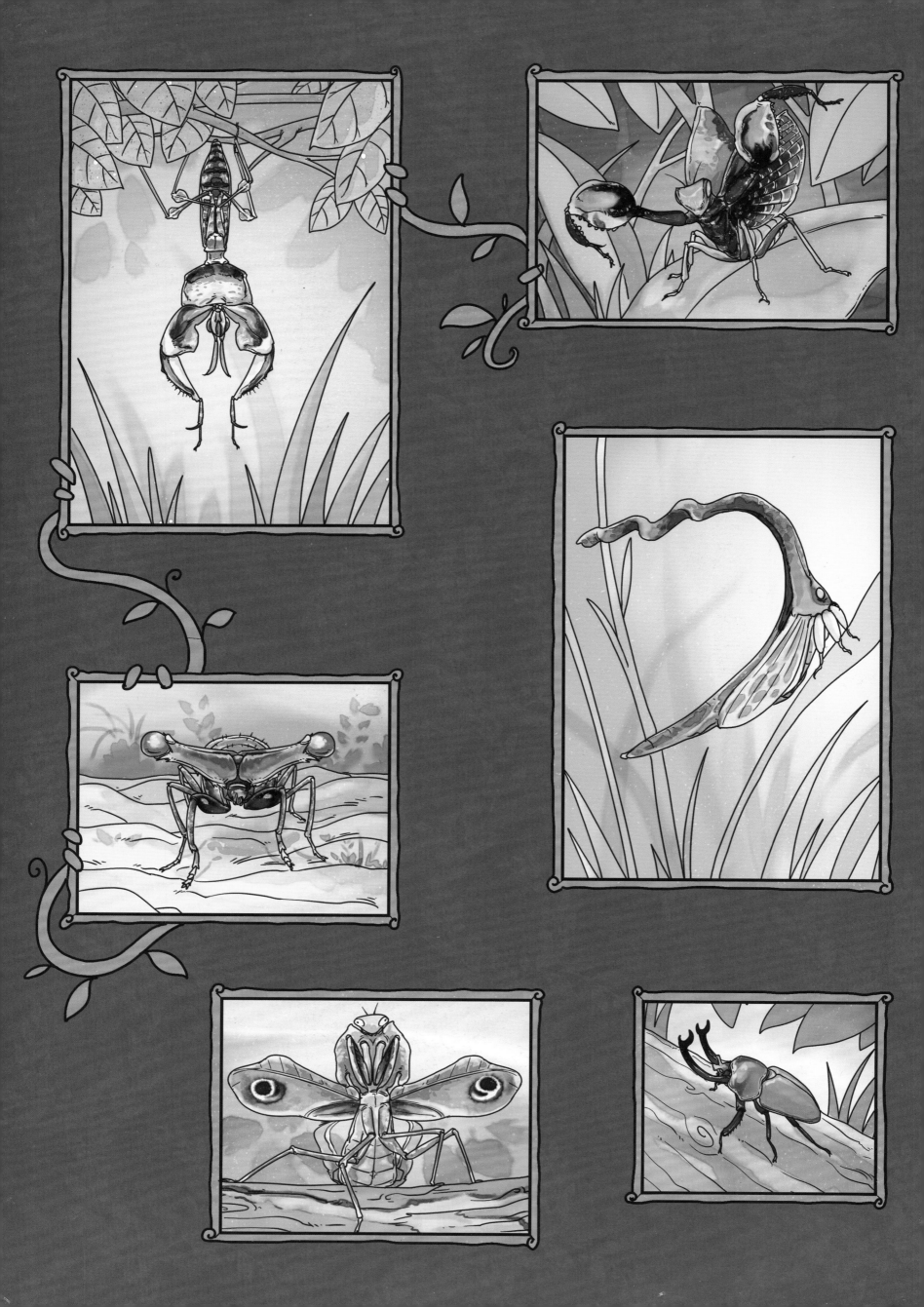